火力发电厂
设备腐蚀与防护技术

刘世念　苏　伟　张　波　魏增福
卢国华　范圣平　付　强　杨海洋　编著

U0393530

中国电力出版社
CHINA ELECTRIC POWER PRESS

内 容 提 要

本书主要涉及火力发电厂设备的腐蚀和防护的内容。首先叙述了火力发电厂所处的腐蚀环境、腐蚀的影响因素、腐蚀的主要形式和防腐蚀技术，从原理上阐述了火力发电厂设备所用材料的腐蚀，分析了热力汽水系统、冷却水系统、烟气脱硫和脱硝系统、酸碱系统和电力用油系统的设备腐蚀分析和防护方法，阐述了火力发电厂设备常用材料型号和特征，最后介绍了火力发电厂设备腐蚀监测和检测技术、腐蚀失效分析与腐蚀监控技术。

本书紧密联系火力发电厂设备腐蚀与防护，系统地介绍了腐蚀类型、原理和解决方法，具有较强的实用性，适合从事电力行业火力发电厂腐蚀与防护运行维护的技术人员、研究人员使用，可作为相关人员的培训教材和参考用书。

图书在版编目（CIP）数据

火力发电厂设备腐蚀与防护技术 / 刘世念等编著. —北京：中国电力出版社，2015.1
ISBN 978-7-5123-6884-2

Ⅰ. ①火… Ⅱ. ①刘… Ⅲ. ①火电厂－生产设备－防腐 Ⅳ. ①TM621

中国版本图书馆 CIP 数据核字（2014）第 290149 号

中国电力出版社出版、发行
（北京市东城区北京站西街 19 号 100005 http://www.cepp.sgcc.com.cn）
北京同江印刷厂印刷
各地新华书店经售

*

2015 年 1 月第一版 2015 年 1 月北京第一次印刷
787 毫米×1092 毫米 16 开本 10.25 印张 224 千字
印数 0001—2500 册 定价 38.00 元

前　言

　　腐蚀是一个渐变过程，在初期一般并未引起人们的重视，但腐蚀造成的损害却是巨大的。就实际运行经验来看，在火电发电厂的热力汽水系统、冷却水系统、烟气脱硫和脱硝系统、酸碱系统和电力用油系统等都常发生腐蚀。随着电力工业的迅速发展和技术装备水平的提高，大容量、高参数高效环保机组不断增多，火电机组的设备因处于高温、高腐蚀性介质等特殊环境中易发生腐蚀，因此，设备腐蚀与防护对于保证电厂的安全运行和设备的维护有极其重要的作用。

　　本书内容分为五章，主要包括火电厂所处的腐蚀环境、腐蚀的影响因素、腐蚀的主要形式和防腐蚀技术；热力汽水系统、冷却水系统、烟气脱硫和脱硝系统、酸碱系统和电力用油系统的设备腐蚀分析和防护方法；火力发电厂设备常用材料型号和特征；腐蚀监测和检测技术；腐蚀失效分析与腐蚀监控技术。本书内容全面、系统性强，可作为培训教材和参考用书，供电力行业从事火力发电厂腐蚀与防护运行维护的技术人员、研究人员使用。

　　本书由广东电网有限责任公司电力科学研究院刘世念、苏伟、魏增福、卢国华、范圣平、付强和青岛海洋腐蚀研究所张波、杨海洋等编著。在编写过程中，作者还参考了大量的国内外关于腐蚀与防护方面的论文、专著和资料，限于篇幅，不能在参考文献上一一列出，在此谨向这些论文、专著、资料的作者表示谢意。

　　电厂设备腐蚀与防护内容丰富且复杂，技术性强，书中难以尽述，只是择其重点加以阐述，限作者水平，书中不妥之处在所难免，恳请专家、同行和读者阅后给予批评和指正。

编　者

2014 年 11 月

目　录

2 设备腐蚀分析与防护方法　　　　　　　　　　　　　　　25

3 火力发电厂设备常用材料 104

4 腐蚀监测和检测技术   128

5 腐蚀失效分析与腐蚀监控技术 143

1

腐蚀和防护概况

1.1 电力设备所用材料简介

电力设备因为处于高温、高腐蚀性介质等特殊环境中，所以选择材料对于保证电厂的安全运行和设备的维护有极其重要的作用。电力设备常用的金属材料有碳钢及低合金钢、不锈钢、有色金属等。针对锅炉体系、汽轮机体系和交换器体系等金属使用区域，对金属材料有不同的要求。

在锅炉体系中，对于受热面管（包括水冷壁管、省煤器管、过热器管和再热器管等）和蒸汽管道用钢（包括主蒸汽管、再热蒸汽管和导汽管等）要求其要有足够高的蠕变极限、良好的组织稳定性、高抗氧化性能、强耐蚀性能和良好的焊接性能等。常用的受热面管和蒸汽管道用钢主要有 20g、15Mog、15CrMog、12Cr1MoVg、10CrMo910、12Cr2MoWVTiB、T23、T24、10Cr9Mo1VNb、T92、X20CrMoV121、T122、1Cr19Ni9、1Cr9Ni11Nb 等。

锅炉汽包作为锅炉中关键的承压部件，要求有较高的常温强度和中温强度，良好的塑性、韧性和冷弯性能，较低的缺口敏感性，良好的焊接性能和良好的冶金质量等。常用的汽包用钢主要有 20g、12Mng、16Mng、19Mn5、19Mn6、A299、15MnVg、14MnMoVg、18MnMoNbg、13MnNiCrMoNb 等。

而对于锅炉受热面吊挂用钢，要求具有较高的抗氧化性能，一定的热强性能、较强的耐蚀性和工艺性能。对于锅炉吹灰器用钢，要求具有高抗氧化性能、较强的耐蚀性能和小的热脆性。常用的锅炉受热面吊挂和吹灰器用钢主要有 1Cr5Mo、1Cr6Si2Mo、4Cr9Si2、1Cr25Ti、1Cr20Ni14Si2、2Cr20Mn9Ni2Si2N、3Cr18Mn12Si2N、2Mn18Al5SiMoTi 等。

在汽轮机体系中，叶片作为将气流的动能转换为机械能的重要部件，要求有足够的常温和高温力学性能，良好的减振性，良好的组织稳定性，较强的耐蚀性、抗冲蚀性及良好的冷热加工工艺性能等。常用的汽轮机叶片用钢有 1Cr13、2Cr13、1Cr11MoV、1Cr12WMoV、2Cr12NiMoWV、2Cr12NiW1Mo1V、1Cr17Ni2、0Cr17Ni4Cu4Nb 等。

转子作为汽轮机的转动部分，要求材料性能均匀，具有较低的残余应力、良好的力学性能、良好的抗氧化性和耐蒸汽腐蚀性和良好的焊接性等。常用的转子用钢有 17CrMo1V、35CrMoVA、30Cr1Mo1VE、25Cr2NiMoV、30Cr2MoV、30Cr2Ni4MoV、20Cr3MoWV、33Cr3MoWV 等。

汽轮机定子主要包括汽缸、隔板、蒸汽室、喷嘴室等，要求有足够高的室温力学性能、较好的热强性、良好的抗疲劳性能和组织稳定性、一定的抗氧化性、良好的抗蒸汽腐蚀的能力、良好的铸造性能和焊接性能。常用的汽轮机定子用钢主要有 ZG25、ZG35、ZG22Mn、ZG20CrMo、ZG20CrMoV、ZG15Cr1Mo1V、ZG15Cr2Mo1、ZG1Cr18Ni9Ti 等。

在凝汽器体系中，凝汽器主要通过冷却水使得管外的蒸汽得以冷却，凝结为水，要求传热性能好、有一定强度和较强的耐蚀性等。常用的铜合金有 H68A、HSn70-1、HSn70-1B、HSn70-1AB、HAl77-2、BFe30-1-1、BFe10-1-1，常用的钛合金有 TA0、TA1 和 TA2 等，常用的不锈钢有 TP304、TP316、TP317、TP430 等。

1.2 腐 蚀 环 境

电力工业的设备材料根据其所处的腐蚀环境，大致可以分为大气腐蚀、淡水腐蚀和海水腐蚀、土壤腐蚀、高温腐蚀以及其他一些特殊的介质浸泡腐蚀等。

1.2.1 大气腐蚀

大气腐蚀是材料与周围的大气环境相互作用的结果，它与浸没于液体中的材料腐蚀是相同的。在大多数情况下，大气腐蚀是由于潮气在物体表面形成薄水膜而引起的。金属材料在大气中的腐蚀机制主要是大气中所含的水分、氧气和腐蚀性物质（包括雨水的杂质）、表面沉积物等联合作用而引起的破坏。大气腐蚀在大部分情况下是电化学腐蚀。化学腐蚀只是干燥无水分的大气环境中金属表面发生氧化、硫化等造成的变色现象。

大气的相对湿度是影响大气腐蚀最主要的因素之一。大气腐蚀实质上是一种水膜下的化学反应。空气中水分在金属表面凝聚生成的水膜和空气中氧气通过水膜进入金属表面是发生大气腐蚀最基本的条件。

大气中的污染物对腐蚀的影响很大。如海洋大气中的海盐粒子、工业大气中的二氧化硫和尘埃等。空气中的这些杂质溶于金属表面液膜中，这层液膜就成了腐蚀性电解质，加速了金属的腐蚀。

根据污染物的性质和污染程度，大气环境一般划分为为工业大气、海洋大气、海洋工业大气、城市大气和乡村大气。

乡村大气中不含有强烈的化学污染物质，但含有有机物和无机物尘埃。空气的主要成分包括水分、氧气及二氧化碳等，大气腐蚀相对较弱。影响腐蚀的因素主要是大气环境中的相对湿度、温度和温差。

工业大气是被化学物质污染的大气。工业大气来源于化工、石油、冶炼、水泥等多种工业。含有硫化物是工业大气的典型特征。硫化物来源于工业和生活的燃料燃烧后所释放出来的二氧化硫（SO_2）。它被灰尘吸附或直接溶于金属表面的液膜里，就成了强腐蚀介质，生成易溶性亚硫酸盐，而这又会引起和加速催化腐蚀作用。相对湿度的增加，对二氧化硫腐蚀的促进作用更为明显。

火力发电生产过程中所造成的大气腐蚀是典型的工业大气环境腐蚀。火力发电厂在运行过程中，释放出大量硫化物等腐蚀性气体，与空气中的水汽或雨水相结合形成酸性溶液，煤灰在钢结构上面的沉积，会形成电解质，这些都会加速钢结构的电化学腐蚀。而且，煤粉中炭的电极电位相对于钢铁来说要高出许多，会与钢铁形成腐蚀性原电池。

海洋性大气环境的相对湿度大，大气中含有海盐粒子。海盐粒子沉降在金属表面上及表面上原有的盐分与金属腐蚀物都具有很强的吸湿性，会溶于水膜中形成强腐蚀介质。而且海盐粒子为氯化物，渗透腐蚀性强，可以渗进钝化膜腐蚀底材，即使是不锈钢，也会因其而产生点蚀。处于海滨地区的工业大气环境，属于海洋性工业大气，这种大气中既含有化学污染的有害物质又含有海洋环境的海盐粒子。两种腐蚀介质对金属危害更重。因此，滨海电厂的腐蚀问题要比内地或城市边缘的电厂更严重。

按照环境腐蚀的严酷性程度对腐蚀环境进行分类，可参照相关的分类标准。如 GB/T 15957—1995《大气环境腐蚀性分类》、GB/T 19292.1—2003《金属和合金的腐蚀　大气腐蚀性　分类》及 GB/T 30790.2—2014《色漆和清漆　防护涂料体系对钢结构的防腐蚀保护　第 2 部分：环境分类》（ISO 12944-2：1998）等。

随着大气环境中腐蚀性因子的浓度变化，大气腐蚀环境会不同，而这个浓度变化与世界各地的技术发展和技术行为有很大的关系。不同的国家和地区的发展水平不同，利用的技术和对污染治理的重视程度不同，大气腐蚀环境就会有很大的区别。因此，腐蚀科学家进行了腐蚀性的定量测试工作，但是它并不能用于预测腐蚀速率。国际标准化组织颁布了 ISO 9223：1992～ISO 9226：1992 系列标准，对大气腐蚀进行两种方法的分类（ISO 9223：1992），即根据金属标准试件在环境中自然暴露试验获得的腐蚀速率进行分类（测试标准为 ISO 9225：1992），以及综合环境中大气污染物浓度和金属表面润湿时间进行环境分类（ISO 9226：1992）。ISO 9224：1992 为特殊金属的每种腐蚀类型的腐蚀速率参考值。

按金属标准试样腐蚀速率进行分类，ISO 9223：1992 把大气腐蚀分为 5 类，即 C1 级，腐蚀程度很低；C2 级，腐蚀程度低；C3 级，腐蚀程度中；C4 级，腐蚀程度高；C5 级，腐蚀程度很高，见表 1-1。该分类标准与 ISO 12944：1992 钢结构的保护涂层腐蚀防护相对应，C1～C5 级都规定了不同的涂料系统和干膜厚度。GB/T 19292.1—2003《金属和合金的腐蚀　大气腐蚀性　分类》等同于采用国际标准 ISO 9223：1992。

表 1-1　　　　　　　不同金属暴露第一年的腐蚀速率（ISO 9223：1992）

腐蚀性类别	金属的腐蚀速率				
	单位	碳钢	锌	铜	铅
C1	g/（m² · a）	<10	<0.7	<0.9	
	μm/a	<1.3	<0.1	<0.2	<0.2
C2	g/（m² · a）	10～200	0.7～5	0.9～5	
	μm/a	1.3～25	0.1～0.7	0.1～0.6	
C3	g/（m² · a）	200～400	5～15	5～12	
	μm/a	25～50	0.7～2.1	0.6～1.3	0.6～1.3
C4	g/（m² · a）	400～650	15～30	12～25	
	μm/a	50～80	2.1～4.2	1.3～2.8	
C5	g/（m² · a）	650～1500	30～60	25～50	
	μm/a	80～200	4.2～8.4	2.8～5.6	

按照污染物浓度和润湿时间进行环境分类，通过环境中 SO_2、Cl^- 的浓度及试样上潮湿时间测定，首先区分污染环境类型和润湿时间类型，然后将环境污染类型和润湿时间类型综合起来评定腐蚀类型。

1.2.2 淡水腐蚀

淡水是指含盐量较低的天然水，一般呈中性。淡水是工业发展的重要条件，包括环境卫生用水、饮用水、锅炉用水、冷却用水等。在淡水中的腐蚀是氧去极化腐蚀，即吸氧腐蚀。水中足够的溶解氧的存在是金属腐蚀的最根本原因。

淡水含盐量低，导电性差，电化学腐蚀的电阻比在海水中大。由于淡水的电阻大，淡水中的腐蚀主要以微电池腐蚀为主。淡水中钢铁的腐蚀受环境影响较大，如水的 pH 值、溶解氧浓度、水的流速及泥砂含量、水中的溶解盐类和微生物等。

淡水的 pH＝4～10 时，溶解氧的扩散速度几乎不变，碳钢的腐蚀速度也基本保持恒定。当 pH＜4 时，覆盖层溶解，阴极反应既有吸氧又有析氢过程，腐蚀不再单纯受氧浓差扩散控制，而是两个阴极反应的综合，腐蚀速度显著增大。当 pH＞10 时，碳钢表面钝化，腐蚀速度下降，但是当 pH＞13 时，碱度太大可以造成碱腐蚀。

淡水中溶解氧的浓度较低时，碳钢的腐蚀速度随水中的氧浓度增加而升高；但是当水中氧浓度高且不存在破坏钝态的活性离子时，会使碳钢钝化而使腐蚀速度剧减。溶解氧作为阴极去极化剂将铁氧化成 Fe^{2+}，起到促进腐蚀的作用；氧使水中的 $Fe(OH)_2$ 氧化为铁锈 $Fe(OH)_3$ 和 $Fe_2O_3 \cdot H_2O$ 等的混合物，在一定条件下铁表面起到抑制腐蚀的作用。

随着水流的加速，腐蚀速度会增加，水中泥砂含量大时，又会加剧冲刷腐蚀。钢结构材料长期浸于水中，有的由于水位变化或处于干湿交替的环境，有的会受到高速水流的冲击和泥沙、漂浮物、冰凌的摩擦，位于水面或水上部分还受到水蒸发的潮湿气氛和飞溅的水雾作用；处于大气中还受到日光、空气的作用。钢材很容易腐蚀，显著降低了钢结构性能。

1.2.3 海水腐蚀

海水是一种含有多种盐类的电解质溶液，含盐量约为 3%，其中的氯化物含量占总盐量的 88.7%，pH 值为 8 左右，并溶有一定量的氧气。除了镁及其合金外，大部分金属材料在海水中都是氧去极化腐蚀。其主要特点是海水中氯离子含量很大，因此，大多数金属在海水中阳极极化阻滞很小，腐蚀速度相当高；海浪、飞溅和流速等这些利于供氧的环境条件都会促进氧的阴极去极化反应，促进金属的腐蚀。因为海水电导率很大，所以不仅腐蚀微电池活性大，宏电池的活性也很大。海水中不同金属相接触时，很容易发生电偶腐蚀。即使两种金属相距数十米，只要存在电位差，并实现电联结，就可能发生电偶腐蚀。

海水中溶有大量以氯化钠为主的盐类。海水的含盐量以盐度来表示，盐度是指 1000g 海水中溶解的固体盐类物质的总克数。含盐量影响到水的电导率和含氧量，因此，对腐蚀有很大影响。海水中所含盐分几乎都处于电离状态，这使得海水成为一种导电性很强的电解质溶液。另外，海水中存在大量的氯离子，对金属的钝化起破坏作用，也促进了金属的腐蚀。对于在海水中的不锈钢和其他合金材料，点蚀是常见的现象。

由于氧去极化腐蚀是海水腐蚀的主要形式，所以海水中溶解氧的含量是影响海水腐蚀的主要因素。随着盐度增加和温度升高，溶解氧含量会降低。

海水温度升高，氧的扩散速度加快，海水电导率增大，加速了阴极和阳极的反应，即腐蚀加速。海水温度随着纬度、季节和深度的不同而变化。

海水的波浪和流速改变了供氧条件，使氧到达金属表面的速度加快。金属表面腐蚀产物所形成的保护膜被冲掉，金属基体也受到了机械性损伤。在腐蚀和机械力的相互作用下，金属腐蚀速度急剧增加。

海洋中存在着多种动植物和微生物，它们的生命活动会改变金属—海水界面的状态和介质性质，对腐蚀产生不可忽视的影响。海生物的附着会引起附着层内外的氧浓差电池腐蚀。某些海生物的生长会破坏金属表面的涂料等保护层。在波浪和水流的作用下，可能引起涂层的剥落。表 1-2 是碳钢 Q235B 在青岛海域实海中（全浸区）暴露 16 年的腐蚀数据。表 1-3 列举了部分材料在青岛实海全浸区暴露 16 年的腐蚀速率。

表 1-2　　　　Q235B 在青岛海域实海中（全浸区）暴露 16 年的腐蚀数据

暴露时间（年）	腐蚀率（mm/年）	平均点蚀深度（mm）	最大点蚀深度（mm）	腐蚀类型
1	0.19	0.41	0.80	溃疡腐蚀
2	0.16	1.02	1.51	点蚀；溃疡腐蚀
4	0.14	1.15	1.72	点蚀；溃疡腐蚀
8	0.11	1.14	2.25	斑蚀；溃疡腐蚀
16	0.10	1.41	2.70	斑蚀；溃疡腐蚀

表 1-3　　　　　　　材料在青岛实海全浸区暴露 16 年的腐蚀率　　　　　　mm/年

管材＼暴露时间（年）	1	2	4	8	16
Q235B	0.19	0.16	0.14	0.11	0.10
14MnMoNbB	0.17	0.13	0.13	0.11	0.086
1Cr18Ni9Ti	0.008	0.013	0.0075	0.0041	0.0069
000Cr18Mo2	0.0009	0.000 13	0.000 38	0.000 23	0.000 11
H68A	0.024	0.012	0.0089	0.006	0.0043
HSn70-1A	0.023	0.016	0.0075	0.0059	0.0047
HA177-2A	0.0048	0.0037	0.0019	0.002	0.0017
BFe10-1-1	0.018	0.011	0.0069	0.0035	0.0047
BFe30-1-1	0.021	0.011	0.0061	0.0036	0.0024

1.2.4　土壤腐蚀

土壤是由气相、液相和固相所构成的一个复杂系统，其中还生存着很多土壤微生物。影响土壤腐蚀的因素很多，如孔隙度、电阻率、含氧量、盐分、水分、pH 值、温度、微生物和杂散电流等，各种因素又会相互作用。因此，土壤腐蚀是一个十分复杂的腐蚀问题。

土壤的透气性好坏与土壤的孔隙度、松紧度、土质结构有着密切关系。紧密的土壤中氧气的传递速度较慢，疏松的土壤中氧气的传递速度较快。在含氧量不同的土壤中，容易产生浓差极化形成微电池从而导致金属材料的腐蚀。

土壤中的盐分除了对土壤腐蚀介质的导电过程起作用外，还参与电化学反应，从而影响土壤的腐蚀性，它是电解液的主要成分。含盐量越高，电阻率越低，腐蚀性就越强。氯离子对土壤腐蚀有促进作用。

电阻率是土壤腐蚀的综合性因素。土壤的含水量、含盐量、土质、温度等都会影响土壤的电阻率。土壤含水率未饱和时，土壤电阻率随含水量的增加而减小。当达到饱和时，由于土壤孔隙中的空气被水所填满，含水量增加时，电阻率也增大。

水分使土壤成为电解质，是造成电化学腐蚀的先决条件。土壤中的含水量对金属材料的腐蚀率存在着一个最大值。当含水量低时，腐蚀速率随着含水量的增加而增加。达到某一含水量时腐蚀速率最大，再增加含水量，其腐蚀性反而下降。

土壤的酸碱性（指标是 pH 值）是土壤中所含盐分的综合反映。金属材料在酸性较强的土壤中腐蚀最强，这是因为在强酸条件下，氢的阴极极化过程得以顺利进行，强化了整个腐蚀过程。中性和碱性土壤中，腐蚀程度较小。

土壤温度是通过影响土壤的物理、化学性质来影响土壤的腐蚀性的。它可以影响土壤的含水量、电阻率、微生物等。温度低，电阻率增大；温度高，电阻率减小。温度的升高使微生物活跃起来，从而增大对金属材料的腐蚀。

土壤中的微生物会促进金属材料的腐蚀过程，还能降低非金属材料的稳定性能。好氧菌，如硫氧化细菌的生长，能氧化厌氧菌的代谢产物，产生硫酸，破坏金属材料的保护膜，使之发生腐蚀。在金属表面形成的菌落在代谢过程中消耗周围的氧，会形成一个局部缺氧区，与氧浓度高的周围或阴极区形成氧浓差电池，提高腐蚀速率。厌氧的硫酸盐还原菌（SRB）趋向于在钢铁附近聚集，有着阴极去极化作用，加速钢铁的腐蚀。

杂散电流是指在规定的电路之外流动的电流，是土壤介质中存在的一种大小和方向都不固定的电流，大部分是直流电杂散电流。它来源于电气化铁路、电车及地下电缆的漏电，电焊机等。直流干扰腐蚀的机理是电解作用使处于腐蚀电池阳极区的金属体被腐蚀。对于埋地管道来说，电流从土壤进入金属管路的地方带有负电，从而成为阴极区，由管路流出的部位带正电，该区域为阳极区，铁离子会溶入土壤中而受到严重的局部腐蚀。而阴极区很容易发生析氢，造成表面防护涂层的脱落。

1.2.5 高温腐蚀

高温腐蚀与在低温环境、液体电解质下发生的腐蚀不同，在高温环境下金属材料的腐蚀主要在干燥气体和高温气体氛围中发生，其中高温氧化腐蚀最为常见。

高温氧化的第一步是氧吸附在金属表面上，随后是氧化物形成核和晶核长大，生成覆盖金属基体的连续氧化膜。随着膜厚增加，微裂纹、宏观裂纹和孔隙等缺陷就可能在膜中发展，使氧化膜失去保护性。缺陷的存在使氧可以更容易到达金属基体而引起进一步氧化。

氧化膜所提供的保护程度的一个重要参数是 PB（Pilling-Bedworth）比，即生成氧化物的体积与所消耗的金属体积比。当 PB 比稍大于 1 时，耐氧化性最为理想。

金属在高温气体中的腐蚀也是一个电化学过程，阳极反应是金属离子化，它在膜与金属界面处发生，可以看作是阳极。阴极反应（氧的离子化）是在膜与气体界面处发生的，那里相当于阴极。与低温湿腐蚀相比，两者较为相似。两者的区别是在电解质溶液中金属与水结合为水合离子，氧变成 OH^- 的反应也需要水或水合离子参加；在高温腐蚀中，金属和氧则直接离子化。

硫化也是高温腐蚀的一种机理。硫化与含硫化合物污染的存在有很大关系。由于有机硫化合物，如硫醇、多硫化合物及元素硫等的存在，它们会部分地转化为硫化氢，在 260～288℃时，氢的存在使硫化氢变得极具腐蚀性。提高温度和硫化氢含量一般会导致更快的破坏速率，当温度升高到 55℃ 时，硫化速率将会加倍。

高温下当金属暴露在一氧化碳、甲烷、乙烷或其碳氢化合物中时，会发生碳化。碳化通常只在 815℃ 以上的温度范围时才会发生。

金属的粉化也是高温腐蚀的一种形式，它与碳化有关，其腐蚀产物为细小的粉末，它们由碳化物、氧化物和石墨组成。腐蚀形态为局部点蚀或相对均匀的腐蚀破坏。金属发生粉化的典型温度区间是 425～815℃。金属粉化一般与富含 CO 和 H 的气体介质有关。

除了以上高温腐蚀机理和现象外，还有氮化、气态卤素腐蚀和熔盐腐蚀等。高温腐蚀表面形成的燃灰或盐的沉积，又会导致保护性表面氧化物的破坏和高速腐蚀。

1.3 腐蚀的影响因素

1.3.1 溶解氧

在火力发电厂设备中，发生氧腐蚀的部位为给水管道和省煤器。在各给水组成部分中，补给水的输送管道以及疏水的储存设备和输送管道都会发生严重的氧腐蚀，凝结水系统不易发生氧腐蚀。

氧在中性水中对一些金属的腐蚀起着阴极去极化的作用，促进金属的腐蚀，除去氧后，介质腐蚀降低。而有时氧又可以作为氧化性钝化剂，使得金属钝化，免于腐蚀。例如，对于碳钢等非钝化金属材料，在水对钢铁的腐蚀过程中，溶解氧的浓度是腐蚀速度的控制因素，氧的增加促进碳钢腐蚀速率的增大；而对于铝和不锈钢等钝化金属，氧化膜的生长有利于降低腐蚀速率。

1.3.2 二氧化碳

二氧化碳来源于大气中的二氧化碳和水中的有机物质的分解物。二氧化碳溶于水中，生成碳酸或碳酸氢盐，使水的 pH 值下降、水的酸性增加，将有助于氢的析出和金属表面膜的溶解破坏。特别是当水中溶解氧含量较大时，二氧化碳成为溶解氧加速侵蚀金属的催化剂。在火力发电厂热力系统中，最容易发生二氧化碳腐蚀的部位是凝结水系统。

1.3.3　氨

氨含量高时，氨能与铜离子形成稳定的铜氨络合物。当氨的浓度较大，同时存在溶解氧时，就会导致铜的腐蚀。氨对发电机铜导线的腐蚀速度与氨含量有关，发电机组的凝结水氨含量不高（约 1mg/L），并且内冷水水质受电导率控制，也不发生氨的浓缩，因此，向内冷水中补凝结水，一般不会发生氨蚀。往内冷水补加氨的除盐水会使氨的含量达 10～100mg/L，此时只有对电导率进行严格控制，才能避免氨蚀的发生。

1.3.4　硫化氢

硫化氢主要由大气污染、有机体污染、水中微生物引起，促进材料的点蚀。硫化氢是生活污水内腐蚀的主要因素之一。目前，火力发电厂的循环水、泵的冷却水使用城市中水，碳钢材料的水箱、水管均会出现腐蚀，有的锈蚀会很严重。补充水为城市中水的脱硫工艺水管壁均产生锈瘤，严重的导致腐蚀穿孔、结垢，缩短了管道使用寿命。同时，腐蚀产物大大减小管道过水断面，增大管道阻力系数，增加运行成本。

1.3.5　二氧化硫

二氧化硫会促进氢去极化，增加金属的腐蚀趋势。腐蚀通常发生在烟道及脱硫系统。

1.3.6　氯

氯主要存在于循环水系统中，对于碳钢来说，随着余氯的增加，腐蚀速率增加。对于含镍铸铁和铜基合金，水中余氯浓度小于或等于 2mg/L 时，影响不大；而不锈钢可耐氯腐蚀，316L 不锈钢能耐海水腐蚀。

1.3.7　pH 值

对于金属来说，pH 值在不同区间影响不同。以铁为例，当 pH 值很低时，腐蚀由氢去极化控制，pH 值越低，腐蚀速度越大；当 pH 值在中性点附近时，腐蚀由氧去极化控制，腐蚀速度随 pH 值的变化很小；当 pH 值较高时，由于钝化膜保护作用，随着 pH 值的增大，腐蚀速度降低；而当 pH>13 以后，由于 $HFeO_2^-$ 的生成，随着 pH 值的增大，腐蚀速度上升。

1.3.8　水的流速

一般来说，水的流速越大，水中各种物质扩散的速度也越快，从而使腐蚀速度加快。

1.3.9　水的含盐量

金属在水中的腐蚀速度是随着水的含盐量的增加而增大的。如对一个特定的水质来讲，含盐量增加，其水中腐蚀性的氯离子、硫酸根离子、导电率等相应增加，对金属材料的腐蚀性趋于上升。

1.4 腐蚀的主要形式

火力发电厂热力设备在运行中或停用时，各种腐蚀性成分会对设备产生严重的腐蚀。根据运行实践，国内外火力发电厂的各种热力设备，如火力发电厂的锅炉、汽轮机、凝汽器、加热器、给水泵、水处理设备以及各种水、汽管道，均发生过比较严重的腐蚀。热力设备的腐蚀形态也比较多，主要包括氧腐蚀、酸腐蚀、点腐蚀、应力腐蚀、选择性腐蚀、冲刷腐蚀、电偶腐蚀以及晶间腐蚀等。

火力发电厂设备所遭受的腐蚀如下。

1.4.1 氧腐蚀

热力设备运行和停用时，都可能发生氧腐蚀。运行氧腐蚀在水温较高的条件下发生，停用氧腐蚀在低温下发生。两者本质上是相同的，但腐蚀产物的特点有区别。氧腐蚀是热力设备常见的一种腐蚀形式。

1.4.2 酸腐蚀

热力设备和管道可能与酸接触，产生析氢腐蚀。例如，水处理设备、给水系统、凝结水系统和汽轮机低压缸的隔板、隔板套等部位都可能和酸性介质接触，产生析氢腐蚀。水处理设备可能和盐酸接触，例如，氢离子交换器再生时就和盐酸接触，产生腐蚀。给水系统和凝结水系统因为游离二氧化碳的溶解，使水的 pH 值低于 7，产生析氢腐蚀，也就是通常所说的二氧化碳腐蚀。

1.4.3 点腐蚀

金属材料在某些环境介质中，大部分表面不发生腐蚀或腐蚀很轻微，但在个别的点或微小区域内，出现蚀孔或麻点，且随着时间的推移，蚀孔不断向纵深方向发展，形成小孔状腐蚀坑，这种腐蚀现象叫做点蚀。孔蚀是一种隐蔽性较强、危险性很大的局部腐蚀。

点蚀又称为孔蚀或坑蚀。点蚀是金属表面上产生小孔的一种极为局部的腐蚀形态，其孔的直径在大多数情况下都比较小。有些蚀孔孤立地存在，有些蚀孔则由于引发的原因而呈较有规律的状态出现。

点蚀是冷却水中最常见的，又是破坏性和隐患最大的腐蚀形态之一。它使设备穿孔破坏，而这时的失重极小，不易发觉。点蚀危害很大，因为它是一种局部的但是剧烈的腐蚀形态，点蚀严重的设备会在突然之间发生穿孔以及随之而来的泄漏，影响设备的安全运行。

检查和发现点蚀常常是很困难的，因为蚀孔很小，通常又被腐蚀产物或沉积物覆盖着。蚀孔通常往重力方向生长。一般点蚀孔仅需几个月或几年就穿透金属。在出现可以看到的蚀孔之前，通常需要一段较长的孕育期，但点蚀发展的速度是相当快的。

点蚀的发生机理类似于缝隙内金属的腐蚀，点蚀发生点内存在着自加速腐蚀过程。

孔蚀通常发生在易钝化金属或合金中，同时往往在有浸蚀性阴离子（如 Cl^-）与氧化剂共存的条件下。孔蚀是一种由小阳极、大阴极腐蚀电池引起的阳极区高度集中的局部腐蚀形式。从外观上看，有开口式的蚀孔，也有闭口式的蚀孔，即表面为腐蚀产物所覆盖或表面仍残留有呈现凹痕的金属薄层，内部则隐藏着严重的蚀坑。

1.4.4 应力腐蚀

金属设备和部件在应力和特定的腐蚀性环境的联合作用下，出现低于材料强度极限的脆性开裂现象称为应力腐蚀开裂，简称 SCC。应力腐蚀按机理可分为阳极溶解型和氢致开裂型两类。

如果应力腐蚀体系中阳极溶解所对应的阴极过程是吸氧反应，或者虽然阴极过程是析氢反应，但进入金属的氢不足以引起氢致开裂，这时应力腐蚀裂纹形核和扩展就由金属的阳极溶解过程控制，称为阳极溶解型应力腐蚀。

如果阳极金属溶解（腐蚀）所对应的阴极过程是析氢反应，而且原子氢能进入金属并控制了裂纹的形核和扩展，这一类应力腐蚀就称为氢致开裂型应力腐蚀。根据腐蚀介质的主要成分不同，氢致开裂型应力腐蚀可分为氯裂（氯脆）、碱裂（碱脆）及硝裂（硝脆）等。

应力腐蚀开裂的外观形貌和断口形态概括起来有如下特征。

（1）裂纹出现在设备或构件的局部区域，而不是发生在与腐蚀介质相接触的整个界面上。裂纹的数量不定，有时很多，有时较少，甚至只有一条裂纹。

（2）裂纹一般较深、较窄。裂纹的走向与设备及构件所受应力的方向有很大关系。一般说来，裂纹基本上与所受主应力的方向垂直，但在某些情况下，也会呈现明显的分叉裂纹。

（3）设备及部件发生应力腐蚀开裂时，一般不产生明显的塑性变形，属于脆性断裂。

（4）应力腐蚀开裂是在一定的介质条件和拉应力共同作用下引起的一种破坏形式。断口宏观形貌包括逐渐扩展区和瞬断区两部分。瞬断区一般为延性破坏。应力腐蚀开裂可能是沿晶的，也可能是穿晶的。其断口上腐蚀产物呈泥状花样等。

通常，应力腐蚀开裂的剖面金相形态貌似树干和树枝状。在电子显微镜下，晶型应力腐蚀开裂的断口形貌特征是沿着晶界断开的一个个密排的晶粒，多被称为冰糖状花样，如图 1-1 所示。穿晶型应力腐蚀开裂的断口形貌特征呈现出河流状花样、扇形花样、羽毛状花样、鱼骨状花样等解理断口。

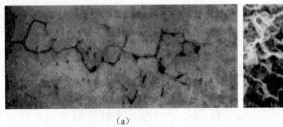
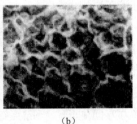

（a）　　　　　　　　　　　　　　　（b）

图 1-1　过热器 TP321 不锈钢列管沿晶应力腐蚀开裂形貌

（a）形貌一；（b）形貌二

当金属表面的钝化膜未被破坏时，不发生腐蚀。在应力作用下，材料因蠕变或塑性变形等原因，撕裂氧化膜，露出活性金属，在介质作用下产生电化学腐蚀，膜作为阴极、活性金属作为阳极而被溶解，形成微观腐蚀坑，在腐蚀坑的尖端由于应力的作用继续变形而不断露出活性金属，活性金属不断溶解，最后形成较深的裂缝，直至断裂。18-8 钢再热器管应力腐蚀破坏的显微形貌如图 1-2 所示。从图 1-2 可以看出，应力腐蚀的裂纹，一根主裂纹的边缘往往还有许多小裂纹，裂纹大多数是沿晶的，裂纹中也会有腐蚀产物。

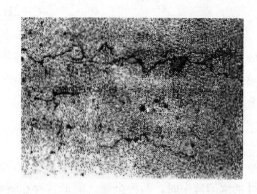

图 1-2 18-8 钢再热器管应力腐蚀破坏的显微形貌

锅炉若采用铬镍奥氏体不锈钢，则容易发生应力腐蚀。应力腐蚀的另一个例子是锅炉的碱脆，它是指碳钢在碱溶液中产生的应力腐蚀破坏。锅炉汽包等设备的铆接（或胀接）处，由于介质的不断浓缩，产生高浓度的碱溶液，在钢处于一定的内应力状态下即导致碱性腐蚀脆化，也称苛性脆化。

1.4.5 酸式磷酸盐腐蚀

酸性磷酸盐腐蚀是由于往炉内部添加较多酸式磷酸盐而引起的腐蚀。往往随着磷酸盐隐藏和再溶出现象而产生。虽然酸式磷酸盐会使 pH 值降低，但是由于炉水中含有氨，pH 值的降低可能辨别不出来，加入的 Na_2HPO_4、NaH_2PO_4 量大，就会引起酸性磷酸盐腐蚀。

1.4.6 介质浓缩腐蚀

主要是锅炉的炉水蒸发、浓缩产生浓碱或浓酸时出现的，尤其是当凝汽器漏泄，漏入碱性水或海水时，情况更明显。腐蚀主要发生在水冷壁管，它是锅炉特有的一种腐蚀形态。

1.4.7 亚硝酸盐腐蚀

炉水亚硝酸盐会在水冷壁管产生腐蚀。亚硝酸盐在锅内受高温作用会分解产生新生态氧，这种新生态氧和水冷壁管内表面发生反应，产生 Fe_2O_3，使水冷壁管腐蚀。由于亚硝酸盐腐蚀的本质是氧和钢发生反应，所以，它的特征和氧腐蚀相似，都出现点蚀坑，腐蚀产物是铁的氧化物。但亚硝酸盐腐蚀的产物一般是高价氧化铁，呈红棕色，而且它的部位只限于水冷壁管，这些和设备运行时发生的氧腐蚀是不同的。

1.4.8 汽水腐蚀

在高温（＞400℃）下，蒸汽与管壁接触时，将发生下列反应

$$3Fe + 4H_2O \rightarrow Fe_3O_4 + 8[H]$$

反应生成的氢原子若不能很快被蒸汽流带走，便结合成氢气，向金属内部扩散，与钢

中的渗碳体或碳发生反应生成甲烷，即

$$Fe_3C + 2H_2 \rightarrow 3Fe + CH_4\uparrow$$

$$C + 2H_2 \rightarrow CH_4\uparrow$$

这不但使钢材表面脱碳，而且积聚于钢中的甲烷气体产生很大的内压力而使钢内部形成微裂纹，造成脆性破坏，因此，有时将蒸汽腐蚀称为氢腐蚀或氢脆。汽水腐蚀常常在过热器中出现，同时，在水平或倾斜度很小的炉管内部，由于水循环不良，出现汽塞或汽水分层时，蒸汽也会过热，出现汽水腐蚀。

1.4.9 电偶腐蚀

电偶腐蚀又称双金属腐蚀或接触腐蚀，也称自然电位腐蚀。当两种不同的金属浸在导电性的水溶液中时，两种金属之间通常存在着电位差。如果这些金属互相接触或用导线连接，则该电位差就会驱使电子在它们之间流动，从而形成一个腐蚀电池。与不接触时相比，耐蚀性较差的金属（即电位较低的金属）在接触后腐蚀速度通常会增加，而耐蚀性较好的金属（即电位较高的金属）在接触后腐蚀速度将下降。

电偶序是按金属或合金的腐蚀电位的高低而排列的顺序，部分金属或合金的电偶序如图 1-3 所示。而电动序则是按纯金属或元素的标准电极电位而排列的顺序。预测电偶腐蚀中的电偶关系时，采用电偶序比采用电动序更为合理。

电偶腐蚀的程度除了与电位差值有关外，还决定于相对面积和溶液导电等因素。当阴极表面与阳极表面面积比率较小时，电偶腐蚀是有限的；导电率比较低的水溶液也能限制电偶腐蚀。

对锅炉进行化学清洗时，如果控制不当，可能在炉管表面产生铜的沉积，即镀铜。由于镀铜部分电位为正，其余部分电位为负，形成腐蚀电池，产生电偶腐蚀。电厂中的蒸汽发生器，在管子表面有铜沉积，铜镀到管子上以后，组成电偶电池，产生腐蚀。

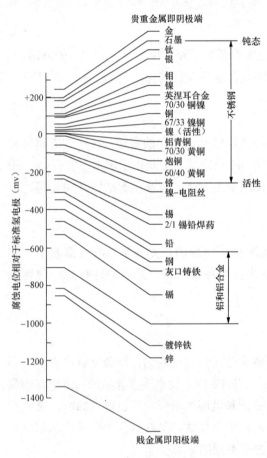

图 1-3　部分金属或合金的电偶序

1.4.10 选择性腐蚀

合金中的某一组织或某一成分优先腐蚀，另一组织或成分不腐蚀或很少腐蚀，这种现象叫做选择性腐蚀。选择性腐蚀如果轻，则使合金强度受损；如果重，则造成穿孔、破损，酿成严重事故。就介质条件而言，选择性腐蚀多发生在水溶液中，但某些材料在熔融盐、高温气体介质中也有选择性腐蚀出现。选择性腐蚀破坏的形式大致可分为两种。

（1）层式。选择性腐蚀较均匀地波及整个材料表面（如黄铜的层式脱锌），称为层状选择性腐蚀；选择性腐蚀沿表面发展，但不均匀，呈条状，称为带状选择性腐蚀。一般把带状选择性腐蚀也归入层状选择性腐蚀中。

（2）栓式。选择性腐蚀集中发生在材料表面的局部区域，并不断向内深入（如黄铜的栓式脱锌），称为栓状选择性腐蚀。例如，在酸性介质中，黄铜含锌量高时，有利于产生层状脱锌，若介质是中性、弱酸性或碱性的，黄铜含锌量相对低时，则栓状脱锌占优势。黄铜脱锌是使用海水为冷却水的黄铜冷凝管的重要腐蚀问题，HSn70-1 凝结器铜管栓状脱锌形态如图 1-4 所示。

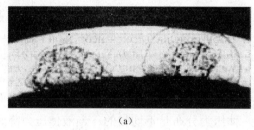 

（a）　　　　　　　　　　　　　　（b）

图 1-4　HSn70-1 凝结器铜管栓状脱锌形态
（a）管内壁栓状脱锌剖面形态；（b）金相组织，显示为沿晶界脱锌

凝汽器铜管的水侧常常发生选择性腐蚀，对于黄铜管就是脱锌腐蚀。腐蚀的结果，在铜管表面形成白色的腐蚀产物——锌化合物，在腐蚀产物下部有紫铜。铜管严重腐蚀后，机械性能显著下降，会引起穿孔，甚至破裂。

1.4.11　晶间腐蚀

晶间腐蚀是一种由微电池作用而引起的局部破坏现象，是金属材料在特定的腐蚀介质中沿着材料的晶界产生的腐蚀。这种腐蚀主要从表面开始，沿着晶界向内部发展，直至成为溃疡性腐蚀，整个金属强度几乎完全丧失，如图 1-5 所示。

（1）晶间腐蚀的特征。在表面还看不出破坏时，晶粒之间已丧失了结合力，失去金属声音，严重时只要轻轻敲打就可破碎，甚至形成粉状。因此，它是一种危害性很大的局部腐蚀。

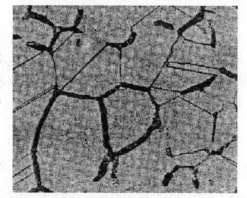

图 1-5　晶间腐蚀实物样片示意

（2）晶间腐蚀的产生必须具备两个条件。一是晶界物质的物理化学状态与晶粒本身不同；二是特定的环境因素，如潮湿大气、电解质溶液、过热水蒸气、高温水或熔融金属等。

1.4.12 冲刷腐蚀

冲刷腐蚀是指溶液与材料以较高速度作相对运动时,冲刷和腐蚀共同引起的材料表面损伤现象。由于冲刷与腐蚀共同存在并相互促进,冲刷腐蚀产生的损伤大于冲刷与腐蚀单一存在的损伤之和。冲刷腐蚀主要分为湍流腐蚀和空泡腐蚀等。

(1)湍流腐蚀。在冲刷腐蚀中,特别把主要由于金属构件几何形状变化而使较高流速溶液产生湍流造成的金属表面破坏叫做湍流腐蚀,又叫做冲击腐蚀。例如,溶液流经管道弯头或涡轮机涡壳和叶片时,都能产生湍流腐蚀。

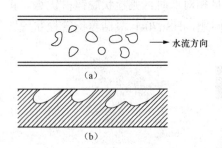

图 1-6 冲击腐蚀的破坏形貌示意图
(a)表图;(b)剖图

冲击腐蚀的破坏特征是形成光滑的没有腐蚀产物的沟槽或回流凹陷,蚀孔常常像细小的马蹄印,因而从破坏形貌上可看出液体流的方向,如图 1-6 所示。

(2)空泡腐蚀。空泡腐蚀即空蚀,空蚀破坏在金属表面下产生了加工硬化层,空蚀点附近可产生裂纹。在空蚀破坏的性质方面,机械冲击作用比电化学作用大。空泡腐蚀属于冲击腐蚀的特殊形式。如水轮机叶片、船艇推进器高速转动时,在叶片表面所引起的流体压力分布是不均匀的,当液体压力降到常温水的蒸汽压以下时,就发生"沸腾"而产生气泡。此气泡沿叶面流动,在压力高的地方发生瞬时破灭。气泡破灭时产生的冲击压力极大,形成高压的冲击波,在空泡的形成和破灭多次循环中引起金属累积损伤。

空泡腐蚀又叫气蚀、穴蚀。当高速流体流经形状复杂的金属部件表面时,在某些区域流体静压可降低到液体蒸气压之下,因而形成气泡,在高压区气泡受压力而破灭。气泡的反复生成和破灭产生很大的机械力,使表面膜局部毁坏,裸露出的金属受介质腐蚀形成蚀坑。

给水泵、汽轮机和凝汽器铜管都可能发生磨损腐蚀。例如,当锅炉补给水为除盐水或全部为凝结水时,高压给水泵易发生冲击腐蚀,腐蚀主要发生在铸铁和铸铜部件的水泵上,如水泵叶轮、导叶等。在凝汽器铜管的入口端,由于水的湍流作用,易产生冲击腐蚀。

1.4.13 高、低温腐蚀

锅炉烟侧的高温腐蚀主要指锅炉水冷壁管、过热器管及再热器管外表面发生的腐蚀。水冷壁管烟侧高温原因是硫化物或硫酸盐的作用。过热器和再热器烟侧高温腐蚀是由于积有 $Na_3Fe(SO_4)_3$ 和 $K_3Fe(SO_4)_3$ 造成的。对于燃油锅炉,过热器和再热器的烟侧将产生钒腐蚀。

锅炉尾部的低温腐蚀是锅炉尾部受热面(空气预热器和省煤器)烟气侧的腐蚀。低温腐蚀是由于烟气中的 SO_2、SO_3 和烟气中的水分发生反应生成 H_2SO_3、H_2SO_4 造成的。

此外,还有凝汽器铜管水侧发生的微生物腐蚀、点蚀,汽侧的氨腐蚀,以及汽轮机润滑油系统发生的锈蚀等。

1.5 防腐蚀技术

火力发电厂设备主要的防腐技术有缓蚀剂保护、介质处理、电化学保护、涂层保护等方法。

1.5.1 缓蚀剂保护

缓蚀剂是一种用于腐蚀介质（如水）中抑制金属腐蚀的添加剂。对于一定的金属腐蚀介质体系，只要在其中加入少量的缓蚀剂，就能有效地降低该金属的腐蚀速度。使用缓蚀剂是一种经济效益较高且适应性较强的金属防护措施。

通常用 η 表示缓蚀剂抑制金属腐蚀的效率，即缓蚀率。缓蚀率的定义为

$$\eta=\frac{v_0-v}{v_0}\times100$$

式中　η——缓蚀剂的缓蚀率，%；

　　　　v——有缓蚀剂时金属的腐蚀速度；

　　　　v_0——无缓蚀剂时（空白）金属的腐蚀速度。

式中 v 和 v_0 的单位必须一致。缓蚀率的物理意义是与空白时相比，添加缓蚀剂后金属腐蚀速度降低的百分率。

根据不同的的影响因素，缓蚀剂分为不同的类别。

（1）根据所抑制的电极过程。缓蚀剂只能减缓金属的腐蚀速度。金属腐蚀是由一对共轭反应，即阳极反应和阴极反应所组成的。根据缓蚀剂对于抑制共轭反应中阴、阳极反应的不同，缓蚀剂可分为阳极型缓蚀剂、阴极型缓蚀剂和混合型缓蚀剂。

（2）根据生成保护膜的类型。根据缓蚀剂在保护金属过程中所形成的保护膜的类型，缓蚀剂可以分为氧化膜型缓蚀剂、沉淀膜型缓蚀剂和吸附膜型缓蚀剂。氧化膜型缓蚀剂是使金属表面形成致密的氧化膜；沉淀膜型缓蚀剂是在金属表面形成防止腐蚀的沉淀膜，厚度要大于氧化膜，约几百到一千埃；而吸附膜型缓蚀剂能吸附在金属表面，形成一层屏蔽层或阻挡层来抑制金属的腐蚀，其厚度是分子级的厚度，比氧化膜更薄。

1.5.2 介质处理

介质处理的目的是改变介质的腐蚀性，以降低介质对金属的腐蚀作用。通常有以下几种方法。

（1）除去介质中的有害成分。现以锅炉给水的除氧为例来说明水中有害物质之一，即溶解在水中的氧，它会引起氧去极化的腐蚀过程。从锅炉给水中排除氧，是防止锅炉腐蚀的有效措施。

常用的除氧方法有热力法和化学法两类。热力法是将给水加热至沸点以除去水中的溶解氧，这是电厂中通常采用的除氧措施。原因是锅炉给水本身就必须加热，而且这种方法不

需要加入化学药品，不会带来汽水质量的污染问题。化学法通常是用作给水除氧的辅助措施，以消除经热力除氧后残留在给水中的溶解氧。在某些中压和低压锅炉中，也有只采用热力除氧，不进行化学除氧的。

（2）调节介质的 pH 值。锅炉给水以及工业用冷却水，如果含有酸性物质，则其 pH 值偏低，产生氢去极化腐蚀。而且钢材在酸性介质中不易生成表面保护膜。因此，这时就必须提高其 pH 值，以防止氢去极化腐蚀和金属表面保护膜的破坏。提高水的 pH 值的方法，一般是加氨。

（3）降低气体介质中的湿分。当气体介质中含水分较多时，就有可能在金属表面形成冷凝水膜，而使金属免受腐蚀。

降低气体湿分的方法有如下两种。

1）采用干燥剂吸收气体中的湿分；

2）采用冷凝的方法从气体中去除湿分或采用提高气体温度的办法来降低气体中的相对湿度，使水蒸气不致冷凝。

1.5.3 电化学保护

电化学保护法分为阴极保护与阳极保护。根据 $Fe-H_2O$ 体系电位与 pH 值的相应关系，有两种方法可以降低铁的腐蚀几率。第一，将铁的电位降低至 Fe/Fe^{2+} 的平衡线以下使得铁处于稳定区内，从而免受腐蚀；第二，将铁的电位升高，使其进入钝化区，使得铁的表面生成难溶的致密薄膜，从而使得铁的腐蚀速率大大减小。阴极保护基于第一种方法，而阳极保护基于第二种方法。

1. 阴极保护

阴极保护是防止设备均匀腐蚀比较有效的措施之一。阴极保护应用范围越来越广泛，可用于地下设备及管道（如地下贮槽、输油输气管线、水管等）的腐蚀防护，也可应用于海水中、河水中（或内装海水或河水）的设备（如热交换器、冷凝器）的腐蚀防护。阴极保护通常使用牺牲阳极和外加电流的阴极保护两种保护方法。

（1）牺牲阳极。

牺牲阳极保护方法是在要保护的设备金属构件上连上一种电位负于被保护的金属或合金，使它们在电解质溶液中构成一个大电池。此时，在外加电位负于被保护体的金属的影响下，原来金属表面上的阳极部分便转变为阴极而受到保护，但是外加电位负于被保护体的金属将成为新的阳极而受到腐蚀，叫做牺牲阳极保护。牺牲阳极保护原理如图 1-7 所示。

牺牲阳极电化学性能指标主要有阳极电位、电流效率、溶解形貌和阳极消耗率四个。这四项指标直观地反映出牺牲阳极性能的优劣，是牺牲阳极研究和工程应用选择的指导性依据。

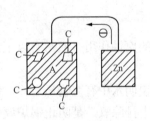

图 1-7　牺牲阳极保护原理

1）阳极电位。阳极电位分开路电位和工作电位。阳极开路电位又称阳极自腐蚀电位，是指在无外加电流作用下金属在特定介质中达到稳定腐蚀状态时所测得的电位，是被自腐蚀电流所极化的阳极反应和阴极反应所建立的混合电位。阳极的开路电位要负于被保护体的自腐蚀电位才能选作牺牲阳极使用。阳极工作电位又称闭路电位，是指在工作介质中，牺牲阳极与被保护体电连接后牺牲阳极提供阳极电流时的电位值。

2）电流效率。电流效率是在电极上实际沉积或溶解（计算牺牲阳极时为溶解）的物质的量与按理论计算出的析出或溶解量换算成电容量后的比值，用 η 表示。

3）溶解形貌。溶解形貌的优劣是评价牺牲阳极性能好坏的重要指标之一。优良的牺牲阳极应该均匀溶解，表面不存在大蚀坑、不溶解或溶解不均匀的现象。阳极出现沿晶腐蚀等不均匀表面溶解形貌会造成未活化的铝基体直接脱落，从而降低实际电容量和电流效率。

4）阳极消耗率。阳极消耗率是指基体活化溶解过程中，发出单位电量所消耗阳极的质量，电位是衡量阳极体阴极保护能力的重要指标。

（2）外加电流阴极保护。利用外加电流的阴极保护是把需要保护的设备的金属构件用导线接到外加电源的负极，把另一辅助阳极接到电源的正极，从而使被保护的金属构件的整个表面变成阴极，如图 1-8 所示。

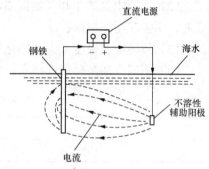

图 1-8　外加电源的阴极保护示意图

为了使外加电流通过辅助阳极输送到被保护金属构件上进行阴极极化，要求辅助阳极具有良好的导电性和机械强度，本身不受介质的侵蚀、容易加工，而且价格便宜。外加电流法采用的辅助阳极材料有废钢、石墨、高硅铁、磁性氧化铁、铂金、铝合金及镀铂的钛等。这些材料除废钢外，都具有难溶性，可供长期使用。

对于几何形状复杂的构件，由于保护电流密度分布不均，保护效能较小，因此被保护的地下贮罐、地下管道等通常均覆以防蚀保护层，而采用阴极保护方法则能对防蚀保护层发生破损的区域予以保护。

要使阴极保护取得良好效果，应注意如下几点。

1）被保护金属构件的整个表面必须有最小的电流密度；

2）为了使保护电流均匀地分布在被保护构件的表面，辅助电极与被保护构件间的距离不宜太小；

3）腐蚀性介质应具有较高的导电性，并需将被保护的构件完全浸没，以保证金属表面电流的均匀分布；

4）应采用综合方法来加强防腐蚀效果和降低阴极保护的成本。

2. 阳极保护

阳极保护是将设备作为阳极，在介质为电解质溶液的条件下通过外加阳极电流使设备阳极极化到一定电位。在此阳极电位下，金属表面成钝态，形成一层具有很高耐蚀性的钝化膜，从而降低了腐蚀速率，使设备获得保护。

阳极保护的装置与阴极保护法所用的恰好相反。外加电源的正极连接到被保护的设备上，负极则接到另一辅助阴极上，如图 1-9 所示。

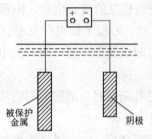

图 1-9 阳极保护示意

并非所有金属都能进行阳极保护,只有在阳极电流作用下能建立钝态的金属才适于进行阳极保护。实践证明碳钢及不锈钢等材料,在氧化性介质,如硫酸、磷酸、有机酸等溶液中,阳极保护是有效的。

根据所测的阳极极化曲线,可以初步确定采用阳极保护方法的可能性。对于阳极保护的三个基本参数的要求为钝化电位区的范围越宽越好,致钝电流密度越小越好,维钝电流密度越小越好。

阳极保护法具有维持费用低、腐蚀率小的优点。与阴极保护法相比,它还具有电流分散力强的特点,因此它能保护形状较复杂的金属设备。

阳极保护法应用的限制如下。

(1)只能用于液相中金属设备的保护,在气相中不能应用。

(2)溶液中氯离子和其他卤素离子达到一定临界浓度后,当钝化膜不稳定甚至不能形成时,不能应用阳极保护法。

(3)致钝电流密度太大及钝化电位范围小于 50mV 的情况下,不能应用。

(4)不同介质条件应选择不同的阴极材料,具体见表 1-4。

表 1-4 不同介质中可应用的阴极材料

介　质	阴　极　材　料
浓硫酸	高硅铸铁、钼、钛镀铂
稀硫酸	石墨、铜镀银
碱	碳钢
硝酸	钛镀铂、铂

1.5.4 覆盖层保护

工业上最普遍采用的腐蚀防护方法是在金属表面应用覆盖层。它的主要作用是使金属制品(包括设备)与周围介质隔离。

覆盖层一般应该满足的基本要求:①结构紧密,完整无孔;②与底层金属有很大的黏结力;③有足够硬度及耐磨性;④能很均匀地分布在整个保护面上。

覆盖层的详细分类如图 1-10 所示。

1. 表面处理的方法

设备金属构件表面处理的方法有机械处理、化学处理和电化学处理三种。

(1)机械处理。

1)磨光和抛光。磨光是一种使金属构件表面在磨料(如金刚砂、刚玉等)的摩擦下,把表面的一些粗糙不平、小裂痕、擦伤和气眼等缺陷磨成平滑的表面的方法。抛光则是利用研磨膏(如氧化铁、氧化铬或氧化铝的细粉),抛光制件表面,使其更加平滑和具有镜面光泽。

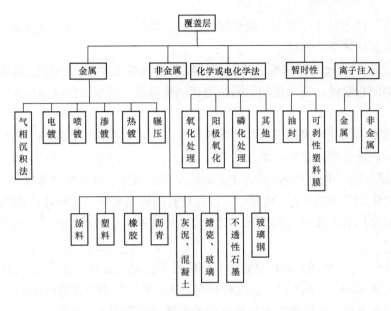

图 1-10 覆盖层的分类

2）喷砂处理。喷砂处理是除去金属表面附着的铁锈、黑色垢皮、污泥、旧涂层的一种方法。它是用压缩空气把干净的石英砂经过特制喷嘴喷射到干燥的金属表面，用高速的砂流冲击，除去金属表面的各种污垢。

3）清刷处理。清刷处理用来除去制件表面浸渍后所残留的松软氧化物和渣滓以及保护层上的某些缺陷。这种处理方法用细钢丝或黄铜丝制成的刷子或旋转圆形刷子来清刷制件。

（2）化学处理。

1）化学除油法。化学除油法是利用热碱溶液对油脂进行皂化和乳化作用，将零件表面油污除去的过程。碱性溶液包括两部分：一部分是碱性物质，如氢氧化钠、碳酸钠等；另一部分是硅酸钠、乳化剂等表面活性物质。碱性物质的皂化作用除去可皂化油，表面活性剂的乳化作用除去不可皂化油。化学除油具有工艺简单、操作容易、成本低廉、除油液无毒、不易燃等优点，但也存在生产率低、耗时较长的缺点。

2）化学浸渍。把构件（制件）浸入酸、碱或盐的溶液中以除去金属表面的锈、鳞片、氧化物的过程称为化学浸渍处理。

黑色金属的化学浸渍处理，通常采用硫酸或盐酸，有时也用氢氟酸和硝酸。铜及铜合金和其他许多有色金属的浸渍处理，多半是用硝酸和其他酸的混合液。设备及锅炉结垢或污渍的化学清洗，多半采用上述酸液再加缓蚀剂方法完成。

3）浸洗处理。处理后的金属制件表面在运送过程或短期保存过程中，又会形成薄层的氧化膜。在镀保护层前迅速除去这层氧化物膜的过程称作浸洗处理。如铁和钢在室温下用化学方法或电化学方法在 3%～5%的稀盐酸或硫酸进行 0.5～2min 浸洗处理即可。

（3）电化学处理。

1）电化学除油法。电化学除油法是以制件为阴极或阳极，浸在和化学除油法所用的类似的溶液中，以铁板或钢板作为另外一极，然后通以直流电进行除油。电化学除油法与化学除油法相比，优点是生产率高、除油时间短和工效高；缺点主要是电流散布能力差，只能适用于几何形状简单的制品。

阴极除油时，淬火的和薄壁的钢制品可能发生氢脆而使其力学性能恶化。为了避免氢脆，可采用阳极除油，或采用阴、阳极交替法来除油。金属制件除油后应在热水或冷水中洗净。

在除油技术上，近年来已采用高频率超声波在有机溶剂内进行除油。这种方法在设备小零件的除油上已获得较好的效果。

2）电化学浸渍。电化学浸渍就是把金属浸于电解液中，从外电源通以直流电，以将金属表面上的氧化物除去的过程。电化学浸渍处理有阳极法和阴极法两种。阳极浸渍处理时，用酸溶液或碱金属盐溶液作为电解液。阴极浸渍处理时，通常以酸溶液或酸的混合液作为电解液。

3）电解抛光。电解抛光过程是将金属制件悬于一定成分和浓度的电解液中作为阳极，按照一定的电解规范（电流密度、温度和时间）就可以只使制件表面凸起部分（显微凸起）遭受阳极溶解。目前，电解抛光已广泛地用于不锈钢和镍的各种制件。

2. 金属覆盖层

金属覆盖层根据其电位与基体金属的电位关系可分为阳极覆盖层和阴极覆盖层两类。当覆盖层金属在介质中的电位比基体金属的电位负于基体金属的电位时，此种覆盖层称为阳极覆盖层。阳极覆盖层具有阴极保护作用和隔离作用，而阴极覆盖层仅起隔离作用。不论是阳极保护层还是阴极保护层都应该与基体金属表面有紧密的结合，能在制件遭受机械作用或温度变化等作用时不脱层。

覆盖层的材料及其覆盖方法的选择主要根据制件的使用条件及施工要求而定。通常除防护目的外，还要考虑诸如提高表面耐磨性、进行装饰性加工、恢复尺寸及修复机械加工的废品、提高反射能力、提高电导率等作用。

（1）热镀法（或沾镀法）。热镀法就是把金属制件浸入盛有熔融金属的槽内，在制件表面沉积一层金属。这种方法适用于沾镀熔点较低的金属，如锌（熔点为 419℃）、铅（熔点为 327℃）及锡（熔点为 232℃）。

热镀法应具备的条件如下。

1）覆盖层的金属在熔融状态下与被保护的金属制件具有较好的浸润性。

2）覆盖层的成本低。

3）覆盖层的金属熔点低，不至于影响金属制件的力学性能。

4）金属制件的几何形状简单，对公差要求严格的制件不能使用。

热镀法的缺点是有色金属的消耗较大、覆盖层不均匀及金属保护层太厚等。

（2）渗镀法（表面合金化）。渗镀法就是将被保护的金属制件置于渗镀的金属粉中，加热至接近金属的熔点，并且在这样高的温度下保持一定的时间。也可以把制件放在含有挥发性金属化合物蒸气或金属蒸气中进行加热。渗镀所得的保护层实际上是合金层。常用的是在钢上渗铝、渗铬、渗硅及渗氮等。对螺栓、螺母、钉子及铸件等有时也有使用渗锌层的。

（3）喷镀法。喷镀法是用压缩空气或惰性气体将熔融金属喷散成微粒，当这些微粒冲击到需要保护的金属表面上时即可形成金属覆盖层。此法不仅适用于在金属表面上喷镀覆盖层，也适用于在木材、混凝土、陶瓷及各种建筑材料上喷镀覆盖层。金属的熔融和喷散可使用专门的喷枪。

被覆盖的金属材料表面应是粗糙不平的（一般预先用喷砂处理），从而金属微粒射向金属表面时能结合得更牢固。

（4）辗压法。辗压法是将耐蚀的金属或合金用机械力量进行热压或辗压，使它附着在基体金属上。压成的金属的内层可以是碳钢，覆盖层则可以是铜、镍、不锈钢等。这样就可以使内层金属的优良力学性能与表层金属的耐腐蚀性能很好地结合起来。这一类辗压的材料，也叫做双金属。覆盖层与基体金属的结合是靠在温度与压力同时作用下的扩散作用。辗压法所得保护层的保护性能取决于其化学纯度及表面状态。保护层必须完整，不允许有任何损伤，否则就会发生腐蚀。

辗压法一般只适用于辗压性质接近的两种金属，这一方法的优点是覆盖层不仅很紧密而且可以任意增加其厚度，达到坚牢耐久的目的。

（5）爆炸焊接。爆炸焊接是利用炸药爆炸的巨大压力使两种金属间形成牢固的联结。其机理是，在几微秒内，复板与基板进行撞击，撞击时产生很大的压力，一般能使两板内金属表面产生射流，形成冶金的黏结。为了提高焊接质量，一般采用线起爆装置。

（6）气相沉积法。气相沉积法是 20 世纪 80 年代发展起来的方法。按照其不同工艺，气相沉积法可分为如下三类。

第一类，金属化合物上的蒸汽，在主体上进行热分解；

第二类，在真空装备内的阴极挥发；

第三类，熔融的金属挥发后，沉积于制件表面。

（7）电镀法。电镀法是覆盖金属用的最广泛的方法。它通过电镀的制件作为阴极浸入用来覆盖的金属的盐溶液中进行电解。当接通直流电源时，相应的金属就在阴极上析出，形成覆盖层。

3. 非金属覆盖层

非金属覆盖层包括涂料覆盖层、玻璃钢覆盖层、不透性石墨覆盖层、塑料覆盖层、橡胶覆盖层、柏油或沥青覆盖层、灰泥或混凝土覆盖层、搪瓷及玻璃覆盖层八种。

（1）涂料覆盖层。涂料的种类极其繁多，使用不同的配方，可得到具有不同特性的涂料。涂料覆盖层的作用主要是机械地把金属与腐蚀介质隔绝开来，使其不能相互接触。因此，要求涂层具有致密性、不渗透性（对腐蚀介质）、耐久性和稳定性等。此外，还要求其与腐蚀介质不起作用，不侵蚀所保护的金属。

1）要保证涂层保护作用的可靠性和使用寿命，必须遵循以下条件。

a. 涂层对腐蚀介质的作用是稳定的；

b. 正确地选择涂层体系；

c. 表面的预处理要保证高质量；

　　d. 认真遵守涂层施工的工艺规程；

　　e. 涂层与金属表面附着牢固。

　　2）提高涂层附着力及抗蚀性的途径。由于粗糙表面的涂层要比光滑表面的涂层附着得更为牢固，因此，采用喷砂处理和磷酸盐处理是钢结构件在上涂层前最为有效的表面预处理方法。在涂装施工前，对表面作喷砂处理也是大型构件预处理的最可行方法。但是，对于大型构件来说，这种预处理方法在技术上并不是总能顺利实现。涂层表面的其他预处理方法（如金属刷清理及酸洗等）不能保证涂膜与金属之间牢固附着，其结果是涂层的使用期限极大地缩短。

　　在涂层的底表面上也可采用预镀一层铝和锌（如喷镀一层金属）的保护层方法。这样就可以更耐久地保护在高湿度气氛中和在水中使用的钢结构件。这是因为，所有涂膜都或多或少地可被水渗透，而铝或锌的保护层则可阻碍水分向钢表面渗透。

　　3）涂层施工的工艺规程（层数及干燥条件）。涂层施工的工艺规程取决于使用条件以及实现该工艺规程在技术上的可能性。在拟定设备构件涂层施工工艺规程时，一般可采用耐水和耐热涂层的施工规程。

　　（2）玻璃钢覆盖层。玻璃钢主要是由合成树脂与玻璃纤维（或其制品）复合制成的产品。

　　玻璃钢具有比强度高、耐蚀性能优良、易于施工、隔热性能和绝缘好等优点，使其应用范围很广，现已在国内外许多工业部门的防腐蚀工作中广泛应用，但也存在弹性模量低、抗渗透性差和耐磨性差等缺点。

　　（3）不透性石墨覆盖层。用人造石墨为原料，经过抽真空、注入浸渍剂并加压进行浸渍、干燥等工序，使一些浸渍剂（液体或气体材料）充满石墨块内的空隙，使其具有无渗透性。经过这种处理过的石墨叫做不透性石墨。

　　不透性石墨具有优良的耐腐蚀性能，除了强氧化酸及强碱外，对大部分的化学介质都是耐腐蚀的。因此，不透性石墨作为耐腐蚀的结构材料有广泛的前途，现已被广泛用作各种形式的热交换器、盐酸合成塔、反应锅及耐腐蚀衬里材料等。

　　（4）塑料覆盖层。塑料覆盖层作为金属材料的保护覆盖层，有以下特点。

　　1）对酸、碱、盐溶液具有良好的耐蚀性能；

　　2）车、刨、钻、铣、锯等机械加工容易；

　　3）可以进行热成型加工；

　　4）具有良好的可焊性，便于加工各种设备。

　　（5）橡胶覆盖层。橡胶在酸、碱等溶液中，具有良好的耐蚀性能及高度的气密性，广泛地用作金属材料的防腐蚀衬里。特别在氯碱工业中，它可用作盐酸贮槽、管道、阀门等的衬里。

　　在防腐蚀中应用最广泛的是硬橡胶。硬橡胶含硫量一般在 40% 以上，硫化后其硬度达90°（邵氏硬度计）。硬橡胶的耐蚀性能良好。它的主要缺点是受热后变脆，故只能限于 50℃以下使用。

　　（6）柏油或沥青覆盖层。柏油或沥青覆盖层的优点是对酸类气体和溶液具有良好的耐蚀性。其涂覆工艺简单，加热熔化后可直接覆盖在金属表面，也可溶解在溶剂中制成沥青涂料来涂刷。它的价格低廉，但也存在在100℃左右发生软化、低温时发脆、在阳光照射下变硬和产生龟裂等缺点。

（7）灰泥或混凝土覆盖层。在硬化过程中水泥所产生的石灰带有碱性，对钢铁的防腐蚀特别有效。由于灰泥或混凝土覆盖层对大气、海水及中性盐类水溶液（除硫酸盐外）具有良好的耐腐蚀性，而对酸性气体和酸性溶液不耐蚀。因此，在选用灰泥或混凝土作覆盖层时应注意其周围介质的成分。

（8）搪瓷及玻璃覆盖层。搪瓷覆盖层是把高温时制成的玻璃状物质经冷却、粉碎及过筛后，涂烧在金属表面上形成一层较均匀的珐琅层，使金属表面不受腐蚀。

搪瓷的优点是较涂层更能耐热、不受有机溶剂侵蚀、硬度较高、容易清洗及易于保证产品质量纯净；其缺点是较脆，易因撞击而脱落，不宜用于温度急降或局部过热的生产过程。

玻璃覆盖层作为金属材料的保护层，有以下优点。

1）优良的耐腐蚀性，它对任何浓度的有机酸、无机酸及有机溶剂均具有良好的耐腐蚀性（除氢氟酸、含氟磷酸、热的浓磷酸外），对一般碱类及常温下浓的强碱也有一定的耐腐蚀性；

2）表面光滑、耐磨，不易结垢，便于清洗；

3）具有一定的耐热性和耐压性；

4）材料来源广，价格低廉。

4. 化学法或电化学法生成的覆盖层

利用化学或电化学的方法可使金属表面形成薄膜。在适当条件下，可形成完整的、力学性能良好的、不易被潮气渗透的、与基体金属附着力良好的保护性薄膜，在工业上应用最多的是氧化膜或磷酸盐膜。

采用这种防护方法的优点是设备简单、操作容易、生产率高，其缺点是保护能力差。主要用来防止金属的大气腐蚀及其他弱腐蚀性介质的腐蚀。由于这类保护膜具有很多毛细孔，也常把它们用作涂层底层，以增强涂层和制件表面的结合力。

在金属表面形成保护性氧化膜的方法叫做氧化处理，形成磷酸盐膜的方法称作磷化处理。用电化学法在铝制件表面形成保护性氧化膜的方法叫做阳极氧化处理。

（1）黑色金属的氧化处理（发蓝处理）。钢铁表面经过氧化处理后，其表面的氧化膜呈现一种特殊的氧化膜，色泽为蓝黑色，这种处理通常叫做发蓝处理。其氧化膜主要由微小的磁性氧化铁（Fe_3O_4）晶体构成，也可能含有水合氧化铁（$Fe_2O_3 \cdot mH_2O$），水合氧化铁会使氧化膜呈现红色斑点而降低氧化膜的保护性能。氧化膜厚度通常为 $0.6 \sim 0.8\mu m$，特殊处理后可使其厚度达到 $1.5\mu m$。经过抛光和氧化处理的氧化膜表面呈美丽的蓝黑色，并有光泽。

钢铁的氧化处理通常是在苛性钠（约 $650g/L$）及氧化剂硝酸钠、亚硝酸钠的沸腾溶液中进行的，其处理温度为 $135 \sim 145℃$。

钢铁在有氧化剂存在的碱性溶液中起下列反应

$$Fe+[O]+2NaOH=Na_2FeO_2+H_2O$$
$$2Fe+3[O]+2NaOH=Na_2Fe_2O_4+H_2O$$
$$Na_2FeO_2+Na_2Fe_2O_4+2H_2O=Fe_3O_4+4NaOH$$

这样在钢铁表面就形成了氧化膜并呈蓝黑色。氧化膜的厚度和致密性与进行氧化时的条件，如溶液中碱的浓度，氧化剂 $NaNO_3$、$NaNO_2$ 的浓度，温度，处理时间等密切有关。

除上述碱性发蓝法外，通常还采用无碱发蓝法，用该法所得的氧化膜，抗腐蚀性与力学性能都很好，氧化膜是由磷酸钙与氧化铁组成的，呈黑色。

（2）黑色金属的磷酸盐处理（磷化处理）。磷酸盐处理是应用于防止钢铁制小型设备表面腐蚀的方法之一。在磷酸盐保护膜上如涂油或涂涂料，则能更好地防止金属腐蚀。磷化处理分为正常法和加速法。

正常法是将钢铁制件浸入一定温度的磷酸锰铁试剂的溶液中，经过一定时间后，就能在表面形成一层磷酸盐膜。它们由锰和铁的磷酸盐组成，呈暗灰色，有极细的结晶构造，其厚度为 $7\sim50\mu m$。

加速法磷酸盐处理的优点是处理时间短、生产率高及成本低，缺点是所得到的磷酸盐膜的抗蚀性较差。因此，加速法得到的膜一般只用作涂层底层。加速法通常使用锌化物。

5. 离子注入法

离子注入法为 20 世纪 70 年代以来新发展起来的表面改性方法，此法为获得抗腐蚀表面提供了新的途径。离子注入是将带电的离子在电场下加速，达到一定的能量后将其注入样品表面。

离子注入法在金属腐蚀及其控制中的应用主要分为腐蚀科学中的应用、改善金属材料抗氧化性方面的应用和改善金属材料电化学腐蚀性能方面的应用三个方面。

离子注入技术在腐蚀科学中的应用主要包括与离子束分析技术相结合提供一种新的表面改性方法并有助于对腐蚀过程进行深入的探讨，同时，对于研究腐蚀的过程和机理，也是一种有力的工具。

离子注入技术在改善金属材料抗氧化性方面的应用包括用离子注入技术改善金属表面抗氧化性，按注入杂质所起的作用不同，可分为阻塞扩散通道、形成致密的氧化物、改善氧化物塑性阻挡层和改变氧化物膜的导电性等几类。

离子注入在改善金属材料电化学腐蚀性能方面的作用主要包括三个方面。

（1）注入表面产生耐腐蚀性极高的非晶态合金，增加合金的抗点腐蚀能力。

（2）注入杂质离子（例如铬），产生钝化膜，以改善金属的抗腐蚀性能。

（3）注入相关元素，使阳极反应易于进行或阻止电化学过程的进行。

2

设备腐蚀分析与防护方法

2.1 热 力 汽 水 系 统

2.1.1 热力设备腐蚀概述

火力发电机组热力汽水系统由锅炉、汽轮机、凝汽器、高压加热器、低压加热器、凝结水泵和给水泵等组成。机组汽水系统中,热力设备接触的各种水和蒸汽包括未经处理的水(生水)、补给水、汽轮机凝结水、疏水、给水、炉水、饱和蒸汽、过热蒸汽、再热蒸汽等。其腐蚀性与其溶解氧含量、pH 值、所含离子的种类和数量以及温度和压力等因素有关。

1. 设备接触介质的特点

根据热力设备接触介质的特点,从腐蚀的角度简要分析如下。

(1)水处理系统。该系统接触的介质有生水、除盐水等,介质温度一般低于 50℃,但溶解氧含量高,离子交换设备在离子交换树脂再生过程中还会接触腐蚀性很强的酸、碱、盐的溶液。因此,为了防止腐蚀和保证补给水水质,该系统内部,特别是离子交换设备的内表面常采取衬胶等措施进行保护。

(2)凝结水、给水系统。该系统包括从凝结水泵到省煤器的设备及连接管道,其内壁接触的介质是凝结水或给水,高、低压加热器管外壁接触的介质是从汽轮机中引出的加热蒸汽。该系统中,水温随流程逐渐升高,省煤器进口给水温度可达 280℃左右。凝结水和给水的含盐量都很低,但水中可能含有溶解氧和二氧化碳而引起氧腐蚀和二氧化碳腐蚀。

(3)水冷壁系统。水冷壁是锅炉中直接产生蒸汽的部位,给水进入蒸发区后,将逐渐蒸发,使水和饱和蒸汽并存,甚至完全汽化。由于水冷壁炉管承受很高的热负荷,给水带入的杂质在蒸发区有被局部浓缩的可能,从而引起结垢和腐蚀。另外,水冷壁外壁与高温烟气接触可能产生高温腐蚀。

(4)过热器和再热器。超临界以上直流炉的热蒸汽和再热蒸汽的含盐量都很低,但温度很高,温度可达 600℃左右,过热蒸汽压力最高可过 25MPa 左右,再热蒸汽压力为 4MPa 左右。过热器和再热器管内壁与这样的高温蒸汽接触,外壁则与高温烟气接触,管壁温度很高,因此,其内壁可能发生汽水腐蚀,外壁可能发生高温腐蚀,并且管壁温度越高,腐蚀和氧化作用越强。

(5)汽轮机。过热蒸汽进入汽轮机后,随着做功、温度和压力逐渐降低,过热蒸汽中含有的杂质将逐步沉积到叶片等蒸汽流通部位的表面,造成汽轮机积盐。在汽轮机的高压、中压和低压缸中，蒸汽中的杂质种类和含量均不同。在汽轮机的尾部几级，蒸汽中出现湿分，变成饱和蒸汽，这时蒸汽中的酸性物质及盐类会溶入湿分而导致汽轮机的酸性腐蚀和应力腐蚀。

（6）凝汽器。凝汽器汽侧是蒸汽和凝结水，其含盐量很低，但氨含量可能较高。如果凝汽器热交换管采用铜管，可能发生铜管的氨腐蚀和应力腐蚀。凝汽器水侧是各种冷却水，其溶解氧浓度和含盐量都较高，如海水，容易引起发点蚀等局部腐蚀。

（7）疏水系统。疏水的含盐量与凝结水相近，但其溶解氧和二氧化碳含量比凝结水高，因此，疏水系统的金属材料的腐蚀比凝结水系统严重，其含铁量比凝结水高。

2. 设备腐蚀的类型和特点

按腐蚀机理分类，机组热力设备可能发生的各种腐蚀的类型和特点如下。

（1）氧腐蚀。氧腐蚀是腐蚀介质中的溶解氧引起的一种电化学腐蚀。它是热力设备常见的一种腐蚀形式，热力设备在运行和停用时，都可能发生氧腐蚀。运行时的氧腐蚀主要发生在水温较高的给水系统，以及溶解氧含量较高的疏水系统和发电机的内冷水系统。停用时的氧腐蚀通常是在较低温下发生的，如果不进行适当的停用保护，整个机组汽水系统的各个部位都可能发生严重的氧腐蚀，这种腐蚀又称停用腐蚀。

（2）酸性腐蚀。酸性腐蚀是酸性介质中的氢离子引起的一种析氢腐蚀。热力设备可能发生的酸性腐蚀主要有炉外水处理系统的酸性腐蚀、凝结水系统和疏水系统的游离二氧化碳腐蚀、汽轮机低压缸内的酸性腐蚀等。

（3）汽水腐蚀。当过热蒸汽温度超过 450℃时，蒸汽可与碳钢中的铁直接发生化学反应生成 Fe_3O_4 而使管壁减薄，这种化学腐蚀称为汽水腐蚀。汽水系统腐蚀一般发生在过热器或再热器管中，它既可能是均匀的，也可能是局部的。均匀腐蚀通常发生在金属温度超过允许温度的部位，并在金属过热部位形成密实的氧化皮。局部腐蚀可能以溃疡、沟痕和裂纹等形态出现。溃疡状汽水腐蚀常发生在金属交替接触蒸汽和水的部位，这些部位金属温度的变化经常大于 70℃，这样就加速了局部的腐蚀速度，所形成的溃疡常被 Fe_3O_4 覆盖。防止汽水腐蚀的主要措施是选用合适的耐热钢和防止金属过热。

（4）应力腐蚀。金属构件在腐蚀介质和机械应力的共同作用下产生腐蚀裂纹，甚至发生断裂，这是一类极其危险的局部腐蚀，称为应力腐蚀。根据金属在应力腐蚀过程中所受的应力的不同，应力腐蚀可分为应力腐蚀破裂和腐蚀疲劳。应力腐蚀破裂是金属在特定腐蚀介质和拉应力的共同作用下导致的一种应力腐蚀。腐蚀疲劳不需要特定的腐蚀介质，只要存在交变应力的共同作用，大多数金属都可能发生腐蚀疲劳。应力腐蚀在热力设备汽水系统中广泛存在，如水冷壁管、过热器、再热器、高压除氧器、主蒸汽管道、给水管道、汽轮机叶片和叶轮及凝汽器管，在不同情况下都可能发生应力腐蚀破裂或腐蚀疲劳。

（5）氢脆。金属在使用过程中，可能有原子氢扩散进入钢和其他金属，使金属材料的塑性和断裂强度显著降低，并可能在应力的作用下发生脆性破裂或断裂。这种腐蚀破坏称为氢脆或氢损伤。在金属发生酸性腐蚀或进行酸洗时都可能有原子氢产生，在高温下，钢中的原子氢可与钢中的 Fe_3C 发生反应生成甲烷气体（$Fe_3C+4H\rightarrow3Fe+CH_4\uparrow$），并使钢发生脱碳。对于热力设备，在锅炉酸洗或锅炉发生酸性腐蚀时，碳钢炉管都可能发生氢脆。

（6）磨损腐蚀。磨损腐蚀是在腐蚀性介质与金属表面间发生相对运动时，由介质的电化学作用和机械磨损作用共同引起的一种局部腐蚀。例如，凝汽器管水侧，特别是入口端，因受液体湍流或水中悬浮物的冲刷作用而发生的冲刷腐蚀就是一种典型的磨损腐蚀，其腐蚀部位常具有明显的流体冲刷痕迹特征。在全挥发性处理水工况下，给水系统，特别是省煤器管道中的紊流区常因湍流的冲击而发生加速腐蚀，这种腐蚀称为流动加速腐蚀。另外，在高速旋转的给水泵叶轮表面的液体中不断有蒸汽泡形成和破灭。气泡破灭时产生的冲击波会破坏金属表面的保护膜，从而加快金属的腐蚀，这种磨损腐蚀称为空泡腐蚀或空蚀。

（7）点蚀。点蚀又称为孔蚀，它是一种典型的局部腐蚀。其特点是腐蚀主要集中在金属表面某些活点上，并向金属内部纵深发展，通常蚀孔深度显著地大于其孔径，严重时可使设备穿孔。不锈钢在含有一定浓度氯离子的溶液中常呈现这种破坏形式。热力设备中的点蚀主要发生在不锈钢部件上。例如，凝汽器不锈钢管水侧管壁与含氯离子的冷却水接触，在一定条件下可能导致不锈钢管发生点蚀；汽轮机停运时保护不当，不锈钢叶片有可能发生点蚀，这些腐蚀点又可能在运行时诱发叶片发生腐蚀疲劳。

（8）缝隙腐蚀。金属表面由于存在异物或结构上的原因形成缝隙而引起的缝隙内金属的局部腐蚀称为缝隙腐蚀。在热力设备中，凝汽器管和管板间形成的缝隙，以及腐蚀产物、泥沙、脏污物、生物等沉淀或附着在金属（如凝汽器不锈钢管或铜合金管）表面所形成的缝隙等，在含氯离子的腐蚀介质中都有可能导致严重的缝隙腐蚀。

（9）晶间腐蚀。这种腐蚀首先在晶粒边界上发生，并沿着晶界向纵深处发展。这时，虽然从金属外观看不出有明显的变化，但其机械性能确已大为降低。通常，晶间腐蚀主要发生在304系列等奥氏体不锈钢部件上。

（10）电偶腐蚀。由于两种不同金属在腐蚀介质中互相接触，导致电极较负的金属在接触部位附近发生局部加速腐蚀，称为电偶腐蚀。例如，在凝汽器的碳钢管板与不锈钢管连接部位，由于在腐蚀介质中碳钢电位负于不锈钢，所以发生电偶腐蚀。

（11）锅炉烟侧的高温腐蚀。主要是指锅炉水冷壁炉管、过热器管、再热器管的外表面，以及在锅炉炉膛中的悬吊件表面发生的一类腐蚀，包括由烟器引起的高温氧化和由锅炉燃料燃烧产物引起的熔盐腐蚀，其中由锅炉燃料燃烧产物引起的熔盐腐蚀比较严重。水冷壁炉管的熔盐主要是硫化物或硫酸盐，过热器及再热器管的熔盐主要是 $Na_3Fe(SO_4)_3$ 和 $K_3Fe(SO_4)_3$ 等复盐。防止锅炉侧的高温腐蚀应在合理选材的基础上，采取控制管壁温度等措施。

（12）锅炉尾部受热面的低温腐蚀。由于烟气中的 SO_3 和烟气中的水分发生反应生成 H_2SO_4，而使锅炉尾部烟道的空气预热器烟侧表面发生腐蚀。防止锅炉尾部受热面的低温腐蚀应在合理选材的基础上，采取提高受热面壁温、低氧燃烧等措施。

3. 设备的腐蚀和沉积

下面按设备分类，简要介绍机组热力设备可能发生的各种腐蚀和沉积。

（1）锅炉给水系统如图 2-1 所示，给水系统中的设备和管道大都是由碳钢制成的，在给水系统中可能发生金属腐蚀。

（2）汽包炉与直流炉的汽水系统如图 2-2 和图 2-3 所示。锅炉运行时，汽水系统的温度和压力比较高，炉管担负着很大的传热任务，锅炉材料的各部分承受很大的应力，同时，给水中的杂质在炉内发生浓缩和析出，在锅炉材料内壁表面常聚集水垢、水渣等沉积物，这些因素都会促进腐蚀，并使腐蚀问题复杂化。

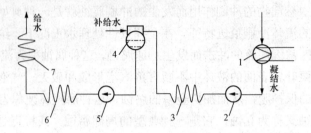

图 2-1　锅炉给水系统图

1—凝汽器；2—凝结水泵；3—低压加热器；4—除氧器；5—给水泵；6—高压加热器；7—省煤器

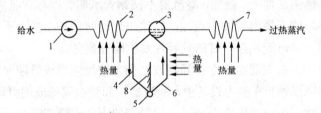

图 2-2　汽包炉汽水系统图

1—给水泵；2—省煤器；3—汽包；4—下降管；5—下联箱；6—上升管；7—过热器；8—炉墙

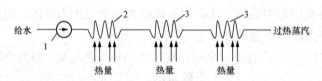

图 2-3　直流炉汽水系统图

1—省煤器管；2—水冷壁管；3—过热器管

（3）汽轮机汽水系统如图 2-4 所示。蒸汽在汽轮机内做功的过程中，其压力、温度逐渐降低，杂质在蒸汽中的溶解度也随之降低。当蒸汽中某杂质的含量高于其溶解度时就会发生沉积。对于不可溶物质，随时都有沉积的可能，如在蒸汽流速较低的部位、叶片的背面等容易发生沉积。在汽轮机的高压缸部分最容易沉积的化合物是氧化铁、氧化铜和磷酸三钠，只有当凝汽器泄漏、树脂进入锅炉等水质非常差的情况，才会在高压缸发生硫酸钠的沉积。中压缸的主要沉积物是二氧化硅和氧化铁，当发生凝汽器泄漏而又没有凝结水精处理设备时，会发生氯化物的沉积。此外，低压加热器管为铜合金的机组还会发生单质铜及铜的氧化物的沉积。低压缸主要沉积物是二氧化硅和氧化铁，并且在初凝区几乎聚集了蒸汽所有还未沉积的杂质，如各种钠盐、无机酸和有机酸等。

2.1.2　给水系统

锅炉给水系统中的水往往含有氧和二氧化碳，是引起给水系统中金属腐蚀的主要因素。

1. 溶解氧腐蚀

溶解氧腐蚀主要发生在给水管道和省煤器中，在各给水组成部分中，补给水的输送管道以及疏水的储存设备和输送管道都会发生严重的氧腐蚀，凝结水系统不易发生氧腐蚀。

（1）腐蚀原理。钢铁材料处于含有溶解氧的水中，铁和氧形成两个电极，水溶液构成电解质溶液，组成腐蚀电池，溶解氧起阴极去极化作用。

（2）腐蚀特征。在其表面形成许多小型鼓包，其直径范围最低为1mm，最高为20～30mm。鼓包表面的颜色主要是黄褐色和砖红色，次层是黑色粉末状物。当将这些腐蚀产物清除后，便会出现腐蚀造成的陷坑。

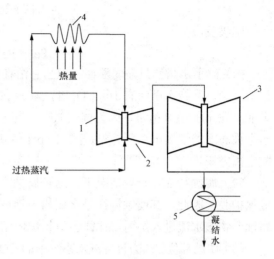

图2-4　汽轮机汽水系统图

1—高压缸；2—中压缸；3—低压缸；

4—再热器；5—凝汽器

如果电厂中除氧工作进行得不完善，在给水管道和省煤器中常常能看到这种腐蚀。发生在给水管道中的鼓包颜色黄褐、砖红都有，在省煤器中的鼓包腐蚀大都是砖红色的。

（3）腐蚀部位。发生氧腐蚀的部位为给水管道和省煤器。在各给水组成部分中，补给水的输送管道以及疏水的储存设备和输送管道都会发生严重的氧腐蚀，凝结水系统不易发生氧腐蚀。

给水通过除氧后虽然含氧量已很小，但在省煤器中由于温度较高，所以只要有少量氧，仍然有可能发生氧腐蚀。特别是除氧器运行不良或含氧量分析不正确，以致使用水含氧量经常放大时，腐蚀会很严重。省煤器的溶解氧腐蚀通常集中在其进口部分，出口部分腐蚀较轻，这是因为水中的氧在进口部分进行的腐蚀过程中已消耗完了。

在疏水系统中，疏水箱是通大气的，而且有些疏水管道不是经常有水，无水时管道便为空气所充满，因此，疏水中常含有大量的氧，致使疏水系统有严重的氧腐蚀。

因为凝汽器的汽侧是在负压下运行的，避免不了有一些空气漏入，而且冷却水的渗漏也会带进一些溶解氧，所以在凝结水中，总是含有微量的溶解氧。但是，即使补给水是直接加到凝汽器中的，凝结水的含氧量也不会很大，因为凝汽器本身可以起到除氧作用，大部分氧可由抽气器抽走，所以凝结水的含氧量一般不大于50μg/L。由于凝结水的温度低和含盐量小，微量的氧不会引起严重的腐蚀。

2. 游离二氧化碳腐蚀

（1）腐蚀原理。当水中有游离CO_2存在时，水呈酸性反应，即

$$CO_2 + H_2O \rightarrow H^+ + HCO_3^-$$

这样，由于水中H^+的量增多，就会产生氢去极化腐蚀。所以，游离CO_2腐蚀，从腐蚀电池的观点来说，就是水中含有酸性物质而引起的氢去极化腐蚀，也叫酸性腐蚀。此时，在腐蚀电池中的阴极反应为

$$2H^+ + 2e \rightarrow H_2$$

阳极反应为

$$Fe \rightarrow Fe^{2+} + 2e$$

CO_2溶于水虽然只显弱酸性，但当它溶在很纯的水中时，还是会显著地降低其 pH 值。例如，当每升纯水中溶有 $1mgCO_2$ 时，水的 pH 值便可由 7.0 降至 5.5 左右。弱酸的腐蚀性不能单凭 pH 值来衡量，因为弱酸只有一部分电离，所以随着腐蚀的进行。消耗掉的氢离子会被弱酸的继续电离所补充，因此，pH 值就会维持在一个较低的范围内，直至所有的弱酸电离完毕。

（2）腐蚀特征。一般情况下，这种腐蚀产物都是易溶的，形成后被水流冲走，不易形成保护膜，因此，其腐蚀特征是金属均匀地变薄。这种腐蚀不仅降低了金属的强度，而且腐蚀产物随水流进入炉内，往往会引起炉内结垢和腐蚀等许多严重问题。

（3）腐蚀部位。热力设备汽水系统中的 CO_2 来源于补给水和混入汽轮机凝结水中的冷却水带入的碳酸化合物。在冷却水中所含的碳酸化合物主要是 HCO_3^-，还有 CO_2 或少量 CO_3^{2-}。在补给水中所含碳酸化合物随其净化方法的不同有所不同：经 Na 离子交换处理的软化水中，有一定量的 HCO_3^- 和 CO_3^{2-}；经 H-Na 离子交换处理的水中，有少量 CO_2 和 HCO_3^-，在蒸馏水中，有 CO_2 和少量 HCO_3^-；在化学除盐水中，各种碳酸化合物都很少。这些碳酸化合物进入给水系统后，有一部分首先被除氧器除去。在除氧器中，理论上应将游离 CO_2 全部除去，但实际运行中不易做到，而是时常有少量游离 CO_2 残存；HCO_3^- 可以一部分或全部分解。因此，除氧器以后给水中含有的碳酸化合物主要是 CO_3^{2-} 和 HCO_3^-，它们在进入炉内后会全部分解，放出 CO_2，即

$$2HCO_3^- \rightarrow CO_2\uparrow + H_2O + CO_3^{2-}$$
$$CO_3^{2-} + H_2O \rightarrow CO_2\uparrow + 2OH^-$$

生成的 CO_2 被蒸汽带出锅炉，随蒸汽一起流经饱和蒸汽管道、过热蒸汽管道、汽轮机，进入凝汽器。在凝汽器中，一部分 CO_2 溶入凝结水中，其余的被抽气器抽走。

在热力系统中，最容易发生 CO_2 腐蚀的部位是凝结水系统，因为它处于除氧器前，所以凝结水是热力系统中游离 CO_2 含量较多的部分，而且它的水质较纯，只要含有少量 CO_2 就会使其 pH 值显著降低。同理，在蒸发器的蒸馏水管道中、疏水系统中和热电厂的热网加热蒸汽的凝结水系统中，也会发生游离 CO_2 腐蚀。

3. 同时有溶解氧和游离二氧化碳的腐蚀

如果在凝结水系统和给水系统的水流中，同时含有 O_2 和 CO_2，CO_2 的存在，使水呈酸性，破坏原有的保护膜又不易形成新的保护膜，使氧腐蚀更加严重。这种腐蚀的特征往往是金属表面没有腐蚀产物，而是随着 O_2 含量的多少，呈或大或小的溃疡状态，且腐蚀速度很快。

在凝结水系统、疏水系统和热网水系统中，都可能发生 O_2 和 CO_2 同时存在的腐蚀。因为给水泵是除氧器后的第一个设备，所以当除氧不彻底时，更容易发生这类腐蚀，除溶解氧之外，系统中还存在高温和轴轮高转速两个推动腐蚀加剧的条件。

在用除盐水作补给水时，由于给水的碱度低、缓冲性小，所以一旦有 O_2 和 CO_2 进入给

水中，给水泵就会发生这种腐蚀。此时，在给水泵的叶轮和导轮上均会发生腐蚀，一般腐蚀是由泵的低级部分至高级部分逐渐增强的。

类似的腐蚀也会发生在给水是含氧的酸性水的情况下。例如，当水的离子交换除盐设备和除氧器控制不好，以致有时给水呈酸性且含有氧时，腐蚀就非常严重。

凝汽器、射汽式抽气器的冷却器和加热器等设备中所用的传热管件，若采用黄铜管，当水中含有游离 CO_2 和 O_2 时，还会引起铜管腐蚀。当温度高于 $40\sim50℃$ 时，水中如含有游离 CO_2，则可以在没有 O_2 的情况下，促使黄铜产生脱锌腐蚀，即黄铜中的锌组分发生溶解。当水中同时有游离 CO_2 和 O_2 时，铜本身也会遭到腐蚀。

低压加热器汽侧的铜管，由于常常有游离 CO_2 和 O_2，所以易遭到腐蚀。其腐蚀特征是管壁均匀变薄，并有密集的麻坑。当加热器汽侧的铜管受到腐蚀时，它的疏水中 Cu 含量就会增加。

4. 给水系统腐蚀的防止

由于给水系统发生的腐蚀主要是由溶解氧和 CO_2 引起的，所以防止给水系统金属腐蚀的方法是除掉给水中的溶解氧，并且提高给水的 pH 值。这种常用的给水处理方法，称为"给水碱性水规范"。使用这种方法时，常在给水中加入联氨和氨（或胺）等化学药品，因为这些药品都有挥发性，所以这种给水处理方法又称挥发性处理。此外，近年来，对于亚临界压力和超临界压力的机组，有的采用了新的给水处理技术，即所谓"给水氧—氨联合处理规范"。

（1）给水除氧。给水除氧通常采用热力除氧和化学除氧两种方法，热力除氧在热力除氧器中进行，为给水除氧的主要措施；化学除氧是在水中加入还原剂去除热力除氧后水中残留的氧，为给水除氧的辅助措施。某些参数较低（中压和低压）的锅炉，因为对给水溶解氧含量的限制不如高压锅炉严格，所以只进行热力除氧。

1）给水热力除氧。热力除氧法不仅能除去水中的溶解氧，而且可除去水中其他各种溶解气体（包括游离 CO_2）。

在热力除氧器中，为了使氧解吸出来，除了必须将水加热至沸点以外，还需要在设备上创造必要的条件使气体能顺利地从水中分离出来。因为水中溶解氧必须穿过水层和气水界面，才能自水中分离出去，所以要使解吸过程能较快地进行，就必须使水分散成小水滴或小股水流，以缩短扩散路程和增大气水界面。热力除氧器就是按照将水加热至沸点和使水流分散这两个原则设计的一种设备。

此外，在热力除氧过程中，不仅能除去氧和 CO_2，而且还会使水中碳酸氢根发生分解，这是因为除去了水中游离 CO_2，但一般只是一部分分解，温度越高，沸腾时间越长，加热蒸汽中游离 CO_2 含量越低，则碳酸氢根的分解率越高，其出水的碳酸化合物含量也越少。

热力除氧器就是把要除氧的水加热到相应压力下的沸点，使溶解于其中的氧和其他气体解析出去的机器装置。常见热力除氧器及其特点见表 2-1。

表 2-1 常见热力除氧器及其特点

类 别		特 征
按加热方式分类	混合式	将需除氧的水与加热用蒸汽直接接触，使水加热到相应压力下的沸点，应用最广
	过热式	将需除氧的水在压力较高的表面式加热器中加热到高于除氧压力下的沸点，然后引入除氧器内，一部分水会自行汽化，其余的水处于沸腾温度下
按工作压力分类	真空式	工作压力低于大气压
	大气式	稍高于大气压，一般为 0.12MPa
	高压式	对高压和超高压机组，工作压力为 0.59~0.60MPa，对亚临界压力机组，工作压力可达 0.78MPa
按结构分类	淋水盘式	常用于中压机组，对工况变化的适应性差；除氧器中汽和水传热、传质面积小，除氧效率低
	喷雾填料式	用于高压和超高压机组，除氧效果好、适应工况能力强、结构简单、检修方便、体积较小、不易产生水击现象
	喷雾淋水盘式	用于高压和超高压机组，深度除氧、适应工况能力强、结构紧凑、检修方便、体积较小、不易产生水击现象
	膜式	强化了汽水间的对流传热，运行稳定、除氧效果好，能适应负荷变化
凝汽式真空除氧		利用凝汽器的真空运行条件，将其作为真空除氧器不仅可以除去凝结水中的氧，还可将补给水引至凝汽器中除氧

除氧器的除氧效果决定于设备结构和运行工况两个方面。除氧器结构的设计原则是保证水和汽在除氧器内分布均匀、流动通畅以及水汽之间有足够的接触时间，为此，在除氧器内常设有提高汽水传质、传热性能的挡水环、泡沸装置等，运行中应确保设备正常工作。除此之外，还要保证如下运行工况。

第一，必须将水加热到并保持在除氧器压力下相应的沸点；

第二，解吸出来的气体必须能通畅地排走；

第三，补给水应连续均匀地加入，不宜间断送入；

第四，为掌握除氧器的运行特性，制订出最优良的运行条件，必须进行除氧器的调整试验。除氧器调整试验内容包括除氧器内的温度和压力、除氧器最大和最小允许负荷、进水温度、排汽量、补给水率以及进水含氧量和贮水箱水位的允许值等。

2）给水化学除氧。用来进行给水化学除氧的药品，必须具备能迅速地和氧完全反应、反应产物和药品本身对锅炉的运行无害等条件。对高压及更高参数的锅炉进行化学除氧所常用的药品为联氨，而对于中、低压锅炉亚硫酸钠也有应用的。

低温时，联氨和氧的反应速度很慢，而亚硫酸钠和氧的反应速度快，高温时两者和氧的反应速度都比较快，均可促使在钢表面形成 Fe_3O_4 保护膜；亚硫酸钠存在分解问题，并且与氧反应后产生溶解固形物，只适于中、低压锅炉，而联氨则不存在这些问题，一般用于高压以上的锅炉，直流炉只能采用联氨处理。

a. 联氨法。联氨（N_2H_4）又叫肼，在常温时，是一种无色液体；联氨吸水性很强，易溶于水及乙醇。它遇水会结合成稳定的水合联氨（$N_2H_4 \cdot H_2O$）。联氨是一种还原剂，特别是在碱性水溶液中，它是一种很强的还原剂。它可将水中的溶解氧还原，即

$$N_2H_4 + O_2 \rightarrow N_2 + 2H_2O$$

反应产物 N_2 和 H_2O 对热力系统的运行没有任何害处，用联氨除去水中溶解氧就是利用它的这种性质。在高温（$t > 200℃$）水中，N_2H_4 可将 Fe_2O_3 和 CuO 还原，反应式为

$$6Fe_2O_3 + N_2H_4 \rightarrow 4Fe_3O_4 + N_2 + 2H_2O$$

$$2Fe_2O_3 + N_2H_4 \rightarrow 4FeO + N_2 + 2H_2O$$

$$2FeO + N_2H_4 \rightarrow 2Fe + N_2 + 2H_2O$$

N_2H_4 还能将 CuO 还原成 Cu_2O 或 Cu，反应式为

$$4CuO + N_2H_4 \rightarrow 2Cu_2O + N_2 + 2H_2O$$

$$2Cu_2O + N_2H_4 \rightarrow 4Cu + N_2 + 2H_2O$$

联氨的这些性质可以用来防止炉内结铁垢和铜垢。

联氨和水中溶解氧的反应速度受温度、pH 值和联氨过剩量的影响。①温度越高，反应越快。低于 50℃时，N_2H_4 和 O_2 的反应速度很慢；当水温超过 100℃时，反应速度已明显增快；当水温超过 150℃时，反应速度很快。②联氨和溶解氧的反应速度与水的 pH 值的关系如图 2-5 所示，当 pH 值为 9～11 时，反应速度最大。③必须使水中联氨有足够的过剩量。在 pH 值和温度相同的情况下，N_2H_4 过剩量越多，除氧所需的时间越少，即反应的速度越快，效果越好。但在实际运行中，N_2H_4 过剩量应适当，不宜过多，因为过剩量太大，不仅多消耗药品，而且有可能使反应不完全的联氨带入水蒸气中。

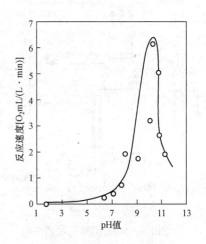

图 2-5　N_2H_4 和 O_2 的反应速度
与水 pH 值的关系

综上所述，联氨除氧的合理条件为：150℃以上的温度，pH 值为 9～11 的碱性介质和适当的 N_2H_4 过剩量。高压及高压以上发电厂，从高压除氧器出来的给水，温度一般大于 150℃，给水 pH 值按规定要调节到 8.8～9.3，所以联氨处理所需的条件是可以得到满足的。

联氨遇热分解，但其热分解速度比起它同氧和铜、铁氧化物的反应速度小得多。如在 300℃ 和 pH 值约为 9 时，N_2H_4 完全分解需要 10min，而它和氧的反应在几秒钟内便可完成。因此，实际上是剩余的 N_2H_4 在进入炉内部以后，在温度超过 300℃ 的条件下，才发生迅速的分解。

加药时考虑如下几点。

第一，药品通常使用的处理剂是 40% 的 $N_2H_4 \cdot H_2O$ 溶液。如用 $N_2H_4 \cdot H_2SO_4$ 或 $N_2H_4 \cdot 2HCl$ 作处理剂，则会增加给水的含盐量和降低其 pH 值，而且这两种药品的水溶液呈酸性，使用时还要考虑加药设备的防腐问题。

第二，综合考虑联氨和给水中溶解氧化合所需量，联氨与给水中铁、铜氧化物作用所消耗的量，以及为了保证反应完全和预防氧的偶然渗入所需的量。通常按从省煤器入口所采得的给水水样中剩余的 N_2H_4 含量来控制。经验证明，当用联氨除氧时，给水中过剩 N_2H_4 含量可控制为 $20\sim50\mu g/L$。

第三，联氨都加在给水泵的低压侧，即除氧器出口管处，这样，通过给水泵的搅动，有利于药液和给水的混合；联氨也可加到除氧器的贮水箱中，此法可延长联氨和给水中氧的反应时间。联氨加到除氧器的贮水箱中有两个缺点：①要多消耗联氨，因为在贮水箱中有时还继续在除氧，如将联氨加在此箱中，就不能充分利用它的除氧作用，故联氨的用量较多；②如果贮水箱中没有采取特殊的混合装置，联氨和水不易在此贮水箱中混合均匀。但是在生产返回水较多的热电厂中，由于给水中有机物的含量常常很高，而有机物会减慢联氨和氧的反应速度，所以将联氨加在除氧器的贮水箱中是有利的。

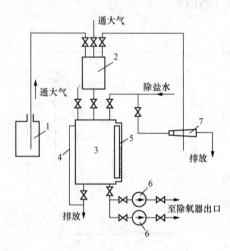

图 2-6 N_2H_4 溶液的加药系统

1—工业联氨桶；2—计量器；3—加药箱；

4—溢流管；5—液位计；

6—加药泵；7—喷射器

第四，通常采用的加联氨方法为将工业水合联氨溶液（40%）配成稀溶液（如 0.1%），用加药泵压送至给水系统，如图 2-6 所示。操作方法为先将工业联氨用喷射器抽真空的办法送至联氨计量器，待联氨计量器中的联氨已达所需的量后，关掉抽气门，开启此计量器上的空气门和下部阀门，将联氨放入加药箱，并用除盐水稀释，直到液位计上指出满刻度，然后用加药泵送入给水系统。因为这种加药系统基本上是密闭的，所以在操作中，工作人员不与联氨溶液直接接触，联氨挥发到空气中的量也极微。

b．亚硫酸钠法。亚硫酸钠（Na_2SO_3）是白色或无色结晶，它也是一种还原剂，能和水中溶解氧作用，生成硫酸钠，密度为 $1.56g/cm^3$，易溶于水。因此，此法会增加水中含盐量。

使用亚硫酸钠处理法应注意如下问题。

（a）影响反应速度的因素。Na_2SO_3 过剩量的影响，Na_2SO_3 和 O_2 的反应速度不仅受温度、水的 pH 值、Na_2SO_3 过剩量的影响，而且和水中其他物质的催化或阻力作用也有关系。温度越高，反应越快。Na_2SO_3 的过剩量越多，反应速度越快，除氧作用也越完全。水中 Ca^{2+}、Mg^{2+} 等碱土金属的离子以及 Mn^{2+}、Cu^{2+} 等对反应有催化作用，而有机物和 SO_4^{2-} 却会减慢其反应速度。水的 pH 值升高，反应速度降低，在中性的时候反应速度最快。当用亚硫酸钠除氧时，为了使水中的氧完全化合，必须要有一定的温度和足够的反应时间，而且还需要有过剩的 Na_2SO_3。

（b）加药的方法。亚硫酸钠的加入方法为首先将亚硫酸钠配成质量分数为 2%～10% 的溶液，然后用活塞泵把它压送到给水泵前的管道内。

（c）Na_2SO_3 的分解。Na_2SO_3 的水溶液在高温时，可能发生的反应为

$$4Na_2SO_3 \rightarrow 3Na_2SO_4 + Na_2S$$

$$Na_2S+2H_2O \rightarrow 2NaOH+H_2S$$
$$Na_2SO_3+H_2O \rightarrow 2NaOH+SO_2$$

Na_2SO_3 的分解率和炉水内 pH 值有关，炉水的 pH 值越低，其分解率越大。在实际运行中，当有炉水水滴带入过热器中时，由于这里的温度高达 $500\sim600℃$，Na_2SO_3 就有可能快速分解，因此，当过热蒸汽用混合式给水减温时，就不适宜用 Na_2SO_3 进行给水处理。分解后的 SO_2 和 H_2S 等气体被蒸汽带入汽轮机后，就会腐蚀镍钢制成的汽轮机叶片，也会腐蚀凝汽器、加热器铜管和凝结水管道。

（2）pH 值的调节。给水 pH 值调节就是加入一定量的碱性物质，控制给水的 pH 值，降低对钢铁和铜合金材料的腐蚀速度，使给水的含铁量和含铜量符合规定的标准。

高温条件下静止水的 pH 值对钢材腐蚀速度的影响如图 2-7 所示，它表明把水的 pH 值从 8 提高到 10，对减少钢铁腐蚀有明显的效果。因此，若单从减缓钢材腐蚀来考虑，应使给水的 pH 值高于 9。但是热力系统中的低压加热器及其疏水冷却器、凝汽器都使用了铜合金材料，还必须考虑水的 pH 值对水中铜的腐蚀影响；铜的腐蚀与水的 pH 值的关系如图 2-8 所示，可以看出，水的 pH 值在 9 以上时，铜的腐蚀随 pH 值增大而明显增大，从铁、铜等不同材质金属的防蚀效果进行全面考虑，目前，对热力系统水质进行调节处理时，一般把给水的 pH 值调节为 $8.8\sim9.3$。

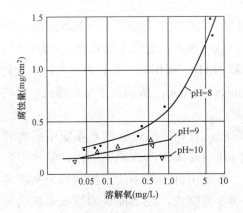

图 2-7　pH 值对钢材受溶解氧腐蚀的影响

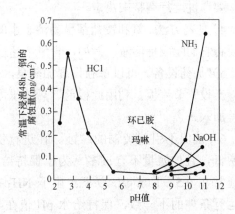

图 2-8　铜的腐蚀与水的 pH 值的关系

因为氨受热不分解和易挥发，因此，应用最广泛的调节给水 pH 值的方法是在给水中加氨。

氨（NH_3）溶于水称为氨水，呈碱性。给水 pH 值过低的原因是它含有游离 CO_2，所以加 NH_3 就相当于用氨水的碱性来中和碳酸的酸性。碳酸（H_2CO_3）是二元酸，它和氨水的中和反应为以下两步

$$NH_4OH+H_2CO_3 \rightarrow NH_4HCO_3+H_2O$$
$$NH_4OH+NH_4HCO_3 \rightarrow (NH_4)_2CO_3+H_2O$$

计算表明，若加入的氨量恰好将 H_2CO_3 中和至 NH_4HCO_3，则水的 pH 值约为 7.9；若中和至（$NH_4)_2CO_3$，则水的 pH 值为 9.2。通常，加氨的目的是将水的 pH 值调节至 8.5 以

上，因此，需加的氨量多于完成第一步中和反应所需的量。

NH_3 是一种挥发性物质，这一点和 CO_2 相似。当对给水进行氨处理时，NH_3 进入锅炉会随蒸汽挥发出来，通过汽轮机后，随排汽进入凝汽器。在凝汽器中一部分 NH_3 被抽气抽走，余下的转入凝结水中，随后当凝结水进入除氧器后又会除掉一部分 NH_3，余下 NH_3 仍然在给水中。

在相同的温度下，因为 NH_3 的分配系数比 CO_2 小，所以当水蒸气冷凝成凝结水时，最初形成的凝结水中 NH_3 和 CO_2 的比值要比蒸汽中的大。同理，当水蒸发成蒸汽时，在最初形成的蒸汽中 NH_3 和 CO_2 的比值要比在水中的小。

加药时要注意如下问题。

1）药品。氨处理可以使用的药品有液氨或氢氧化铵（氨的水溶液）。

2）加药地点。由于 NH_3 为挥发性物质，所以不论在热力系统的哪一部位加药，都可以使整个汽水系统中有 NH_3。通常把 NH_3（氨水或液氨）加在补给水、给水或凝结水中，也可以将 NH_3 直接加在汽包中或蒸发器中。因为加药部位水的 pH 值较高，所以为了提高补给水的 pH 值，可将 NH_3 加在补给水中；如给水的 pH 值较低，可将 NH_3 和 N_2H_4 一起加在除氧器出口的给水中。

3）加药量。经验证明，加氨量以使给水 pH 值调节到 8.8～9.3 为宜，实际所需的加药量，要通过运行调整来决定。

4）加药方法。氨和铵盐都是易溶于水的，通常所用的氢氧化铵就是氨的浓溶液。因此，只要将它们配成稀溶液，例如，含量不超过 5%，就可加入，通常采用 0.3%～0.5%。

5）加药设备。可以单独设置加药泵，也可和 N_2H_4 一起用同一加药泵加入；在软化水母管上设置节流板，利用此板前、后的压力差加入；利用第二级钠离子交换器前、后的压力差加入。

6）确保不引起黄铜的腐蚀。在进行氨处理时，首先应能保证汽水系统中的含氧量非常低，且加氨量不宜过多。为了保持给水的 pH 值在 8.8～9.3 的范围内，给水中含氨量通常在 0.5～1.0mg/L 以下。由于 NH_3 在热力系统中分布的不均匀性和热力系统各部分运行条件的不一致，保持给水 pH 值在 8.8～9.3 范围内，还不能说明汽水系统的各个部分的 NH_3 含量都是不大的，所以在进行给水加氨处理时，还应该注意在汽水系统中的各热力设备有没有因 NH_3 含量过多、铜管遭到腐蚀的。通常，最易发生这种腐蚀的设备为凝汽器的空气冷却区和射汽式抽气器的冷却器，因为在这里常富集着 O_2、CO_2 和 NH_3 等不凝结气体。

（3）调节给水水质的其他办法。由于联氨有毒，为了提高除氧效果，寻求性能更优、运行更为安全的除氧剂，国内外已开发研究出一些药剂，如催化联氨、有机除氧剂等。同样道理，在调节给水 pH 值时，如加氨量过高或氨在局部区域集聚，水中同时含有氨和较多的溶解氧等，热力系统中的黄铜就可能被腐蚀，为此，还可用往水中加胺类取代氨的办法来提高水的 pH 值。

2.1.3 锅炉本体设备

1. 应力腐蚀破裂

（1）腐蚀破裂。腐蚀破裂是金属在拉应力和特定的腐蚀介质共同作用下产生的破裂。拉应力的来源主要有金属部件在制造和安装过程中产生的残余应力；设备运行时产生的工作应力；温度变化时产生的热应力等。另外，特定的金属材料只有在特定的介质环境中才能发生应力腐蚀破裂。例如，奥氏体不锈钢在只有几毫克/升的氯离子溶液中就能引起应力腐蚀破裂。

应力腐蚀破裂常常发生在高参数锅炉的过热器和再热器等奥氏体不锈钢部件上。为了防止不锈钢的腐蚀破裂，应消除在锅炉制造、安装或检修过程中过热器和再热器管材内残余的拉应力，还应降低介质中腐蚀离子的浓度。如在进行锅炉化学清洗或部件水压试验时，应避免含有氯化物、硫化物、氢氧化物和水溶液进入或残留在过热器或再热器内。

（2）腐蚀疲劳。金属的腐蚀疲劳是金属在交变应力（方向变换的应力或周期应力）和腐蚀性介质同时作用下产生的。这是由于锅炉的金属材料在受到交变应力作用时，与水相接触的金属表面上的保护膜会被这种交变应力破坏。因而发生电化学不均一性，导致局部腐蚀。

在锅炉汽包的管道结合处，例如给水管接头处、加磷酸盐药液的管道、定期排污管与下联箱的结合处等，因金属局部受到交变冷、热应力的作用，会发生腐蚀疲劳。当钢铁表面有时干、有时湿，管道中汽水混合物时快时慢时，也会产生交变应力，产生腐蚀疲劳。

此外，锅炉启动频繁。启动或停用时炉水中含氧量较高，造成设备的点腐蚀。这些点蚀坑在交变应力作用下会变为疲劳源，产生腐蚀疲劳。

防止金属腐蚀疲劳的主要方法如下。

1）降低交变应力。如机炉启动和停用的次数不要太频繁、锅炉的负荷不要波动太大。

2）机炉结构和安装要合理，避免产生交变应力。如在汽包的给水管接头处加特殊的保护套管，使汽包壁上管孔处的金属不与给水进水直接接触，从而消除温度的影响。

3）降低炉水和蒸汽中的 Cl^-、SO_4^{2-} 等腐蚀性成分的含量，并做好停机保护，防止金属表面产生点蚀坑。

（3）碱性脆化。碳钢在氢氧化钠水溶液中产生的应力腐蚀破裂称为碱性脆化，其产生条件是炉水中含有游离 NaOH、炉水产生局部浓缩及受拉应力的作用。大多数汽包炉的水冷壁和联箱是用低碳钢制造的，运行时，如果在水冷壁和联箱的局部位置出现游离的浓碱，又受到拉应力的作用，就会产生碱脆。

锅炉产生碱脆的条件是炉水中含有游离 NaOH、炉水产生局部浓缩及受拉应力的作用。

为了防止碱脆，近年来，锅炉都以焊接代替铆接和胀接。对于那些用铆接或胀接的锅炉，为了防止碱脆，应消除炉水的侵蚀性。消除方法有以下几种。

1）保持炉水相对碱度小于 0.2。实践证明炉水相对碱度不大于 0.2 时，炉水没有侵蚀性。炉水相对碱度（相对碱度＝游离 NaOH 量/总含盐量）主要靠炉外水处理降低补给水含碱量来控制。应当指出，由于现代电厂锅炉补给水均经除盐处理，炉水碱度低，在这种情况下，已没有必要采用维持锅炉相对碱度方法来防止碱脆。

2) 选择合理的炉内水处理方法。对于中、低压锅炉，可进行 $NaNO_3$ 处理。对于高压锅炉，可进行协调磷酸盐处理。

2. 沉积物下腐蚀

当炉内金属表面附着有水垢或水渣时，在其下面会发生严重的腐蚀，称为沉积物下腐蚀。这种腐蚀和炉水的局部浓缩有关，因此也称为介质浓缩腐蚀。这是目前高压锅炉内常见的一种腐蚀，属于局部腐蚀。

沉积物下腐蚀主要发生在水冷壁管有沉积物的下面，一般在热负荷较高的位置，如喷燃器附近、炉管的向火侧等处。根据国内外的运行实践，沉积物下腐蚀速度为 1.5～5mm/年，一般锅炉运行 5000～30 000h 就会出现腐蚀穿孔，甚至发生爆管。有的锅炉运行几个月就受到严重损坏。

（1）腐蚀原理。在正常运行条件下，锅炉内金属表面常覆盖一层 Fe_3O_4 膜，这是金属表面在高温炉水中形成的，其反应式为

$$3Fe+4H_2O \rightarrow Fe_3O_4+4H_2 \uparrow$$

这样形成的膜（Fe_3O_4）是致密的，具有良好的保护性能，锅炉可以不遭到腐蚀。但是如果此膜遭到破坏，那么金属非常容易遭到腐蚀。促使保护膜破坏的一个重要因素是炉水局部浓缩，使炉水的 pH 值不合适。下面叙述炉水的 pH 值对 Fe_3O_4 保护膜的影响。

实践证明，当 pH 值为 10～12 时，钢铁的腐蚀速度最小，此时保护膜的稳定性高。

当 pH<8 时，钢铁的腐蚀速度明显加快。因为此时保护膜被溶解，并且 H^+ 起了去极化作用，而且腐蚀产物都是易溶的，不能形成保护膜。

当 pH>13 时，腐蚀速度也明显加快，因为保护膜也被溶解，并且铁与 NaOH 直接反应，其反应式为

$$Fe_3O_4+4NaOH \rightarrow 2FeNaO_2+Na_2FeO_2+2H_2O$$

$$Fe+2NaOH \rightarrow Na_2FeO_2+H_2 \uparrow$$

在一般运行条件下，由于炉水的 pH 值保持在 9～11 之间，锅炉金属表面的保护膜是稳定的，所以不会发生腐蚀。但当锅炉金属表面有沉积物时，情况就不同了。首先由于沉积物的传热性很差，使得沉积物下金属管壁的温度很高，因而渗透到沉积物下面的炉水会发生急剧蒸发浓缩。其次，由于沉积物的阻碍作用，使沉积物下炉水的各种杂质浓度很高。沉积物下的浓缩液具有很强的侵蚀性，致使锅炉金属遭到腐蚀。根据炉水中含有的杂质，沉积物下的腐蚀可分为以下两种情况。

1) 如果补给水中含有碳酸盐或者凝汽器发生泄漏，而冷却水是碳酸盐含量高的河水或湖水，这将使炉水出现游离 NaOH。碳酸盐进入锅炉后，在高温下会发生下列化学反应产生 NaOH，即

$$NaHCO_3 \rightarrow CO_2 \uparrow +NaOH$$

$$Na_2CO_3+H_2O \rightarrow CO_2 \uparrow +2NaOH$$

$$3Ca(HCO_3)_2 + 2Na_3PO_4 \rightarrow 6NaOH + 6CO_2\uparrow + Ca_3(PO_4)_2\downarrow$$

这样使沉积物下蒸发浓缩炉水的 pH 值很快升至 13 以上，破坏保护膜，发生碱对金属的腐蚀，称为碱性腐蚀。

2）如果凝汽器发生泄漏，而冷却水是海水或苦咸水（$Cl^- > 500mg/L$）的天然水。冷却水的 $MgCl_2$ 和 $CaCl_2$ 将进入锅炉，水解产生浓酸。其反应式为

$$MgCl_2 + 2H_2O \rightarrow Mg(OH)_2\downarrow + 2HCl$$
$$CaCl_2 + 2H_2O \rightarrow Ca(OH)_2\downarrow + 2HCl$$

这样使沉积物下蒸发浓缩炉水的 pH 值迅速下降，破坏保护膜，发生酸对金属的腐蚀，称酸性腐蚀。

（2）腐蚀分类。由上述可知，在沉积物下可能发生碱性或酸性两种不同类型的腐蚀。这两种腐蚀，又根据其损伤情况的不同，分为延性和脆性腐蚀。

延性腐蚀多发生在多孔沉积物下面，是由于沉积物下的碱性增强而产生的。特征是凹凸不平的腐蚀坑，坑上覆盖有腐蚀产物，坑下金相组织和机械性能都没有变化，金属仍保留它的延性，所以称为延性腐蚀。当腐蚀坑达到一定的深度以后，管壁变薄，这时便会因过热而鼓包或爆管。

脆性腐蚀常发生在比较致密的沉积物下面，是由于沉积物下酸性增强而产生的。发生这种腐蚀时，产生的氢（H_2）使金属有明显的脱碳现象，腐蚀部位的金相组织发生了变化。产生的 CH_4 在垢下不易逸出，以致在晶格间形成较大的应力，导致金属逐渐形成裂纹，使金属变脆。严重时，管壁并未变薄就会爆管。这种腐蚀也称为氢脆。

（3）防止沉积物下腐蚀的方法。发生沉积物下腐蚀的基本条件是炉管上有沉积物和炉水有侵蚀性。因此，要防止沉积物下腐蚀，应从防止炉管上形成沉积物和消除炉水的侵蚀性两方面着手。一般措施如下。

1）新装锅炉投入运行前，应进行化学清洗，锅炉运行后要定期进行清洗，以除去沉积在金属管壁上的腐蚀产物。

2）减少给水的铜、铁含量。为了降低给水铜、铁氧化物的含量，防止产生铜、铁垢，必须防止给水系统、凝结水系统、疏水系统的氧腐蚀和二氧化碳腐蚀。同时还要采取措施防止锅炉外水处理系统的腐蚀，以减少补给水的含铁量。此外，还要防止凝汽器铜管和加热器铜管的腐蚀，以降低凝结水和给水的铜含量。对于高压和超高压的汽包炉，如果疏水、生产返回凝结水含铁量过高，应进行除铁处理。

3）做好锅炉的停用保护工作，防止发生停用腐蚀。预防炉管金属表面腐蚀产物附着，同时避免因停用腐蚀产物而增加运行时炉水的含铁量。

4）提高给水品质，使给水带入的腐蚀性成分尽可能低。从防止沉积物下腐蚀的角度考虑，应当控制给水的碳酸盐含量、Cl^- 含量和 pH 值。为此，必须严格防止凝汽器泄漏和矿物酸的污染。对于高压机组，国外对凝汽器泄漏的允许程度有严格要求，其标准为给水含盐量的最高限度是 0.5mg/L，如果给水含盐量达到 0.5～2mg/L，而炉内水处理可以保证炉水水质合格时，可以允许短时间运行；如果因凝汽器泄漏，使给水含盐量超过 2mg/L，应立即停机，采取堵漏措施。为了防止炉水浓缩产生酸，应严格控制给水 Cl^- 含量。

5）选用合理的炉内水处理方式，调节炉水水质，消除或减少炉水中的侵蚀性杂质。目前，炉内处理的方式有磷酸盐处理、挥发性处理、中性处理。磷酸盐处理是应用得比较广泛的一种处理方式，可以防止在锅炉内金属表面产生水垢，使炉水保持碱性，中和因凝汽器泄漏在炉内产生的酸。协调 pH 值磷酸盐处理，可消除炉水中的游离 NaOH。

3. 水蒸气腐蚀

当过热蒸汽温度高达 450℃时，它会与碳钢发生反应，在 450～570℃之间时，它们的产物为 Fe_3O_4，即

$$3Fe+4H_2O \rightarrow Fe_3O_4+4H_2 \uparrow$$

当温度高达 570℃以上时，反应生成物为 Fe_2O_3，即

$$2Fe+3H_2O \rightarrow Fe_2O_3+3H_2 \uparrow$$

这两种反应所引起的腐蚀都属于化学腐蚀。当产生这种腐蚀时，管壁均匀地变薄，腐蚀产物常常呈粉末状或鳞片状，多半是 Fe_3O_4。在锅炉内，发生汽水腐蚀的部位，一般在汽水停滞部位和蒸汽过热器中。

防止方法是消除锅炉中倾斜度较小的管段，以保证水汽循环流畅。对于过热器，如果温度过高，应采用特种钢材制成。因超高压以上锅炉的过热蒸汽温度已达 550℃以上，不论是在机械性能方面（高温下发生蠕变），还是耐蚀性能方面，普通的碳钢都不能承受，必须用其他材料，如耐热的奥氏体不锈钢。

2.1.4 汽轮机

汽轮机存在应力腐蚀破裂、冲蚀、酸腐蚀、磨蚀和点蚀等问题。

1. 应力腐蚀破裂

汽轮机的应力腐蚀破裂主要发生在叶片和叶轮上。前者主要发生在 2Cr13 型不锈钢制的末级叶片上，具有沿晶裂纹的特征；后者主要发生在叶轮的键槽处，其断口的显微特征基本为沿晶断裂，从晶界上可看出明显的腐蚀特征。通常引起汽轮机部件应力腐蚀破裂的杂质有氢氧化钠、氯化钠等。

汽轮机的应力腐蚀破裂防护措施如下：

（1）改进汽轮机的设计，改善汽轮机的安装工艺，以消除应力过于集中的部位。

（2）提高蒸汽品质，降低蒸汽中钠离子和氯离子的含量。

2. 冲蚀

汽轮机的冲蚀是由蒸汽形成的水滴或由其他途径（例如通过排气管口喷水或轴的水封）进入汽轮机的水所引起的。在汽轮机的低压级，蒸汽中的水分以分散的水珠形态夹杂在蒸汽里流过，对喷嘴和叶片产生强烈的冲蚀。

冲蚀特征是叶片金属表面上有浪形条纹。冲蚀程度轻时，表面变粗糙；严重时，冲击出密集的毛孔，甚至产生缺口。

汽轮机冲蚀的防护方法如下：

（1）汽轮机的疏水口要畅通，保持喷水不直接冲击末级叶片。

（2）要防止抽气口有水分倒流入汽轮机。

（3）应在末级叶片易冲刷部位安装防冲蚀保护层。

3. 酸腐蚀

汽轮机的酸腐蚀主要发生在汽轮机内部湿蒸汽区的铸铁、铸钢部件上，使部件表面保护膜脱落。其金属表面状态类似酸洗后的状态，呈银灰色。腐蚀后的钢材成蜂窝状。发生汽轮机酸腐蚀的原因是由于不良的水、汽质量。氯化物在炉水中可与水中的氨形成氯化铵，溶解携带于蒸汽中，并在汽轮机液膜中分解为盐酸和氨，由于两者分配系数的差异，使液膜成为酸性。

汽轮机的酸腐蚀防护措施如下。

（1）提高补给水的质量。

（2）要求采用一级除盐再经混床处理的纯水作为高压锅炉的补给水。

（3）通过给水采用分配系数较小的有机胺（如吗琳）以及联氨进行处理，提高汽轮机液膜的 pH 值。

4. 磨蚀

在汽轮机喷嘴表面、叶片及其他蒸汽通道的部件上，会发生不同程度的磨蚀。磨蚀常发生在汽轮机的高压、高温段。磨蚀发生的原因是由于蒸汽中夹带了异物（主要是剥落的金属氧化物）而导致固体颗粒的磨蚀。例如，固体颗粒从锅炉过热蒸汽管、再热器管及主蒸汽管的内壁剥落下来，然后带入汽轮机，引起对汽轮机的磨蚀。

汽轮机的磨蚀防护措施如下。

（1）过热器管和主蒸汽管等高温管道采用抗氧化材料。

（2）对管道进行蒸汽吹洗或化学清洗。

5. 点蚀

被氯化物污染的蒸汽会使汽轮机发生点蚀。它易发生在汽轮机的低压部位，如汽轮机喷嘴和叶片表面，有时也出现在转子叶轮和转子体上。点蚀常会导致应力腐蚀和腐蚀疲劳。

点蚀的防护措施是提高蒸汽质量和严格控制蒸汽中氯离子含量，并做好汽轮机停用时的保护。

2.1.5 水垢的形成及其防止

1. 水垢与水渣的特性

锅炉给水总是或多或少带有某些杂质，它们进入汽水系统经过一段时间运行后，在受热面与水接触的管壁上就会生成一些固态附着物，这种现象通常称为结垢，这些附着物叫做水垢。另外，在炉水中析出的固体物质，有的还会呈悬浮状态存在于炉水中，也有沉积在汽包和下联箱底部等水流缓慢处，形成沉渣的，这些呈悬浮状态和沉渣状态的物质叫做水渣。某些水渣易黏附在受热面上，经受高温烘熔以后又转变为水垢，这种垢成为二次水垢。水垢和水渣的化学组成一般比较复杂，通常都不是一种简单的化合物，而是由许多化合物混合组成的。通过化学分析，可确定水垢和水渣的化学组成，一般用质量百分率表示水垢的化学成分。

目前，电厂锅炉的汽水系统中，通常将水垢按其主要化学成分分成钙镁水垢、硅酸盐水垢、氧化铁垢和铜垢等。形成水渣的主要物质通常有碳酸钙（$CaCO_3$）、氢氧化镁 [$Mg(OH)_2$]、碱式碳酸镁 [$Mg(OH)_2 \cdot MgCO_3$]、磷酸镁 [$Mg_3(PO_4)_2$]、碱式磷酸钙 [碱式磷灰石、$Ca_{10}(OH)_2(PO_4)_6$]、蛇纹石（$3MgO \cdot 2SiO_2 \cdot 2H_2O$）、镁橄榄石（$2MgO \cdot SiO_2$）以及金属的腐蚀产物，如铁的氧化物（$Fe_2O_3$，$Fe_3O_4$）和铜的氧化物（$CuO$、$Cu_2O$）等。有时水渣中还可能含有某些随给水带入炉水中的悬浮物。

由于水垢的导热性比钢铁低几十到几百倍，所以炉管结垢后不仅浪费燃料，还会引起管壁温度过高，导致鼓包和爆管事故。同时，结垢还会引起沉积物下腐蚀。如果炉水中水渣太多，将影响蒸汽品质、堵塞炉管，威胁锅炉的安全运行。

不同成分的水垢，其物理性质都不相同。有的水垢很坚硬，有的较软；有的水垢致密，有的多孔；有的牢固地黏附在金属表面，有的与金属表面的黏结较疏松。通常表明水垢的物理性质的指标有坚硬度、孔隙率和导热性等。坚硬度表明它是否容易用机械方法（如刮刀、铣刀、金属刷等）清除掉；孔隙率说明水垢中孔隙和缝隙占水垢体积的百分数；水垢的导热性一般都很差，但不同的水垢因其组成、孔隙率等不同而各不相同。

水渣分为不会黏附在受热面上的水渣和易黏附在受热面上转化成水垢的水渣。第一类水渣较松软，常悬浮在炉水中，易随炉水的排污从炉内排除掉，如碱式磷酸钙 [碱式磷灰石、$Ca_{10}(OH)_2(PO_4)_6$]、蛇纹石（$3MgO \cdot 2SiO_2 \cdot 2H_2O$）水渣等；第二类水渣其容易黏附在受热面管内壁上，特别容易黏附在水流缓慢或停滞的地方，经高温烘焙后，常常转变成水垢，即二次水垢，如磷酸镁 [$Mg_3(PO_4)_2$]、氢氧化镁 [$Mg(OH)_2$] 等。

2. 钙、镁水垢

（1）成分、特征及生成部位。在钙、镁水垢中，钙、镁盐的含量常常很大，甚至可达90%左右。这类水垢又可按其主要化合物的形态分成：碳酸钙水垢（$CaCO_3$）、硫酸钙水垢（$CaSO_4$、$CaSO_4 2H_2O$、$2CaSO_4 H_2O$）、硅酸钙水垢（$CaSiO_3$、$5CaO \cdot 5SiO_2 \cdot H_2O$）、镁垢 [$Mg(OH)_2$]、磷酸镁 [$Mg_3(PO_4)_2$] 等。某电厂锅炉和热力系统中各种钙、镁水垢化学分析结果见表2-2。

表2-2　　　　　某电厂锅炉和热力系统中各种钙、镁水垢化学分析结果　　　　　%

水垢种类	化 学 成 分						
	Fe_2O_3	CaO	MgO	SiO_2	SO_3	CO_2	灼烧减重
硫酸钙水垢	6.6	35.7	0.9	10.3	43.7	0.3	2.8
碳酸钙水垢	9.8	36.4	2.5	12.3	2.7	24.7	31.2
硅酸盐水垢	4.9	43.0	1.1	41.9		5.4	8.8
混合水垢	2.8	35.2	3.7	19.6	12.5	16.7	21.0

碳酸盐水垢，容易在锅炉省煤器、加热器、给水管道以及凝汽器冷却水通道和冷水塔中生成。硫酸钙和硅酸钙水垢主要在热负荷较高的受热面上，如锅炉炉管、蒸发器和蒸汽发生器内等处生成。

（2）形成原因。形成钙、镁水垢的原因是水中钙、镁盐类的离子浓度乘积超过了溶度积，这些盐类从溶液中结晶析出并附着在受热面上。水中析出物之所以能附着在受热面上，是因为受热面金属表面粗糙不平，有许多微小的凸起的小丘。这些小丘，能成为从溶液中析出固体时的结晶核心。此外，因金属受热面上常常覆盖着一层氧化物（即所谓氧化膜），这种氧化物有相当大的吸附能力，能成为金属壁和由溶液中析出物的黏结层。

在锅炉和各种热交换器中，水中钙、镁盐类的离子浓度积超过溶度积的原因有以下几方面。

1）随着水温的升高，某些钙、镁盐类在水中的溶解度下降；

2）在水不断受热被蒸发时，水中盐类逐渐被浓缩；

3）在水被加热和蒸发的过程中，水中某些钙、镁盐类因发生化学反应，从易溶于水的物质变成了难溶的物质而析出。

水中析出的盐类物质，可能成为水垢，也可能成为水渣，这决定于它的化学成分和结晶形态，而且还与析出时的条件有关。如在省煤器、给水管道、加热器、凝汽器冷却水通道和冷水中，水中析出的碳酸钙常结成坚硬的水垢；但是在锅炉、蒸汽发生器中，水的碱性较强而且水处于剧烈地沸腾状态，此时，析出的碳酸钙常常形成海绵状的松软水渣。

（3）防止方法。为了防止锅炉受热面上形成钙、镁水垢，应尽量降低给水硬度。主要从以下几方面着手。

1）彻底除掉补给水中的硬度；

2）保证凝汽器严密。因为凝汽器发生泄漏，冷却水进入凝结水，往往是炉内产生钙、镁水垢的一个重要原因。所以当发现凝结水硬度升高时，应迅速查漏并及时消除；

3）对于给水组成中有生产返回水的热电厂，其返回水的硬度应不超过允许值。

由于一般凝汽器即使在正常情况下也会有微量渗漏，且在汽包炉机组中，一般对凝结水不进行处理，所以即使用除盐水或蒸馏水作补给水，给水中也会含有少量钙、镁盐类物质。这些钙、镁盐类进入炉内后，由于锅炉蒸发强度大，炉水急剧蒸发浓缩，使水中钙、镁离子浓度增至很大，仍会形成水垢。为了不使炉内形成水垢，对于汽包炉要采用炉内水质调整处理，这就要在炉水中投加某些药品，使进入炉水中的钙、镁离子形成一种不黏附在受热面上的水渣，随锅炉排污排除掉。

常用作炉内水质调整的药品是磷酸盐，在低压工业锅炉中也可用碳酸钠和氢氧化钠作为调整炉内水质的药品。

3. 硅酸盐水垢

（1）成分、特征及生成部位。硅酸盐水垢的化学成分，绝大部分是铝、铁的硅酸化合物，它的化学结构较复杂。在这种水垢组成中往往含有40%～50%的二氧化硅、25%～30%的铝和铁的氧化物以及 10%～20%的钠的氧化物，钙、镁化合物的总含量一般不超过百分之几。这种水垢的化学成分和结构常与某些天然矿物如锥辉石（$Na_2O \cdot Fe_2O_3 \cdot 4SiO_2$）、方沸石（$Na_2O \cdot Al_2O_3 \cdot 4SiO_2 \cdot 2H_2O$）、钠沸石（$Na_2O \cdot Al_2O_3 \cdot 3SiO_2 \cdot 2H_2O$）、黝方石（$4Na_2O \cdot 3Al_2O_3 \cdot 6SiO_2 \cdot SO_3$）等相同。这些复杂的硅酸盐水垢，有的多孔，有的很坚硬、致密，常常匀整地覆盖在热负荷很高或水循环不良的炉管内壁上。

（2）形成原因。锅炉给水中铝、铁和硅的化合物含量较高，是在热负荷很高的炉管内形成硅酸盐水垢的主要原因。例如，以地面水源作原水的发电厂，若补给水的预处理过程不当或者凝汽器发生漏泄，就会使给水中含有一些极微小的黏土和较多的铝、硅化合物，它们进入炉内就可能形成硅酸盐水垢。

关于硅酸盐水垢的形成过程，目前尚不很清楚，现有两种说法。

一种说法认为，在水中析出并附着在受热面上的一些物质，在高热负荷的作用下，相互发生化学反应，就形成这种水垢。例如，在受热面上的硅酸钠和氧化铁能相互作用，生成复杂的硅酸盐化合物，即

$$Na_2SiO_3 + Fe_2O_3 \rightarrow Na_2O \cdot Fe_2O_3 \cdot SiO_2$$

对于更复杂的硅酸盐水垢，认为是由析出在高热负荷的受热面上的钠盐、熔融状态的苛性钠及铁、铝的氧化物互相作用而生成的；另一种说法认为，某些复杂的硅酸盐水垢，是在高热负荷的管壁上从高度浓缩的炉水中直接结晶出来的。

（3）防止方法。为了防止产生硅酸盐水垢，应尽量降低给水中硅化合物、铝和其他金属氧化物的含量。要达到这个目的，一方面要求对补给水进行除硅处理并保证优良的补给水水质，另一方面要严格防止凝汽器漏泄。运行经验证明，凝汽器的漏泄往往也会产生硅酸盐水垢。

4. 氧化铁垢

（1）成分、特征及生成部位。氧化铁垢的主要成分是铁的氧化物，其含量可达 70%～90%，此外，往往还含有金属铜、铜的氧化物以及少量钙、镁、硅和磷酸盐等物质。

氧化铁垢的表面为咖啡色，内层是黑色或灰色，垢的下部与金属接触处常有少量的白色盐类沉积物。

氧化铁垢最容易在高参数和大容量的炉内生成，但在其他锅炉中也可能产生。这种铁垢的生成部位，主要在热负荷很高的炉管管壁上，如喷燃器附近的炉管；对敷设有燃烧带的锅炉，则存在于燃烧带上下部的炉管、燃烧带局部脱落或炉膛内结焦时的裸露炉管内等处。

（2）形成原因。关于氧化铁垢的形成过程，目前有下述两种看法。

1）炉水中铁的化合物沉积在管壁上形成氧化铁垢。炉水中铁化合物的形态主要是胶态氧化铁，也有少量较大颗粒的氧化铁和呈溶解状态的氧化铁。在炉水中，胶态氧化铁带正电。当炉管上局部地区的热负荷很高时，该部位的金属表面与其他各部分的金属表面之间，会产生电位差。热负荷很高的区域，金属表面因电子集中而带负电。这样，带正电的氧化铁微粒就向带负电的金属表面聚集，结果便形成氧化铁垢。至于颗粒较大的氧化铁，在炉水急剧蒸发浓缩的过程中，在水中电解质含量较大和 pH 值较高的条件下，它也逐渐从水中析出并沉积在炉管管壁上，成为氧化铁垢。

2）炉管上的金属腐蚀产物转化成为氧化铁垢。在锅炉运行时，如果炉管内发生碱性腐蚀和汽水腐蚀，其腐蚀产物附着在管壁上就成为氧化铁垢。在锅炉制造、安装或停用时，若保护不当，由于大气腐蚀在炉管内会生成氧化铁等腐蚀产物，这些腐蚀产物有的附着在管壁上，锅炉运行后，也会转化成氧化铁垢。

3）防止方法。防止锅炉内产生氧化铁垢的基本办法是减少炉水中的含铁量。为此，应减少给水含铁量和防止锅炉金属的腐蚀。

为了减少给水含铁量，除了应进行防止给水系统金属腐蚀的给水处理外，还必须减少给水的各组成部分（包括补给水、汽轮机凝结水、疏水和生产返回凝结水等）的含铁量。

在凝汽式电厂中分段蒸发锅炉的排污率小于 1%，则常常会因盐段与净段炉水的浓缩倍率很大，盐段炉水的含铁量很高，以致在盐段炉管内生成氧化铁垢。为了防止在锅炉盐段产生氧化铁垢，可采取降低盐段与净段炉水浓缩倍率的措施，或者用增大排污率作为临时性措施来控制盐段炉水中的含铁量。

5. 磷酸盐铁垢

（1）成分、特征及生成部位。磷酸盐铁垢的化学成分主要是磷酸亚铁钠（$NaFePO_4$）和磷酸亚铁 $[Fe_3(PO_4)_2]$。颜色一般为灰色或接近白色，当敲击结垢的样管时，容易从管壁上脱落。这种水垢通常发生在分段蒸发锅炉的盐段水冷壁管上。

（2）形成原因。磷酸盐铁垢产生的主要原因是由于炉水中 PO_4^{3-} 含量太大和铁含量较高。磷酸盐铁垢的形成过程可概述地表示为

$$Na_3PO_4 + Fe(OH)_2 \rightarrow NaFePO_4 + 2NaOH$$

根据这一反应可知，当炉水中 $NaOH$ 浓度低于平衡浓度时，就会形成磷酸盐铁垢；当炉水中 $NaOH$ 浓度超过平衡浓度时，由于化学平衡向左移动，就不能生成磷酸盐铁垢。

在凝汽式发电厂中，因为补给水量一般较小，因而给水碱度和炉水中的游离 $NaOH$ 浓度较小，所以当分段蒸发锅炉的净段与盐段的浓缩倍率较高时，如果净段炉水中 PO_4^{3-} 含量控制值较高，就会因盐段炉水中的 PO_4^{3-} 含量过高而使盐段水冷壁管上产生磷酸盐铁垢。

（3）防止方法。为防止炉中产生磷酸盐铁垢，应严格控制炉水中的 PO_4^{3-} 含量，使其不超过规定值。对于凝汽式发电厂的分段蒸发锅炉，为了防止盐段水冷壁内产生磷酸盐铁垢，应特别注意严格控制净段炉水中的 PO_4^{3-} 含量，如果锅炉排污率小于 1%，盐段炉水和净段炉水的浓缩倍率很大，就应采取降低浓缩倍率的措施。

6. 铜垢

（1）成分、特征及生成部位。如水垢中金属铜的含量很大，当达到 20%～30% 或更多时，这种水垢叫做铜垢；铜垢中金属铜的分布往往有如下特点：在水垢的上层，即受炉水冲刷的表层，含铜百分率很高，常达 70%～90%；越是接近金属管壁处含铜百分率越小，一般靠近管壁处为 10%～25% 或更少。

这与氧化铁垢中含铜的情况不一样，铜在氧化铁垢层中的分布大致是均匀的，即水垢的上层和与管壁金属接触的垢层中含铜百分率大体相同。

某中压燃油锅炉炉管内铜垢的分析结果见表 2-3。对该炉进行割管检查发现，垢层表面有较多金属铜的颗粒，在炉管严重腐蚀处的周围，有小丘状附着物，附着物表面有闪闪发亮的金属铜粒。

表 2-3	某中压燃油锅炉炉管内铜垢的分析结果					%
垢样位置	化 学 成 分					
	Cu	R_2O_3	Fe_2O_3	SiO_2	CaO	MgO
炉管向火侧平均试样	51.84	24.50	18.80	15.40	1.12	1.71
炉管背火侧平均试样	35.52	39.30	33.20	3.40	1.12	1.21

在各种压力的锅炉中都可能生成铜垢，经常超铭牌负荷运行的锅炉或者炉膛内燃烧工况变化引起局部热负荷过高的锅炉，更容易形成铜垢。铜垢的生成部位主要在局部热负荷很高的炉管内，有时在汽包和联箱内的水渣中也发现有铜，这些铜是从局部热负荷很高的管壁上脱落下来的，被水流带到水流速度较缓慢的汽包和联箱中，与水渣一起积聚在那里而形成的。

（2）形成原因。热力系统中铜合金制件腐蚀后，其腐蚀产物随给水进入炉内。在沸腾着的碱性炉水中，这些腐蚀产物主要是以络合物形式存在的。这些络合物和铜离子成离解平衡，炉水中铜离子的实际浓度与这些铜的络合物的稳定性有关。在高热负荷的部位，一方面，炉水中部分铜的络合物会被破坏变成铜离子，使炉水中的铜离子浓度升高；另一方面，由于高热负荷的作用，炉管中高热负荷部位的金属氧化保护膜被破坏，并且使高热负荷部位的金属表面与其他部分的金属表面之间产生电位差，局部热负荷越大时，这种电位差也越大。结果，铜离子就在带负电量多的局部热负荷高的地区获得电子而析出金属铜（$Cu^{2+}+2e=Cu$）；与此同时，在面积很大的邻近区域上进行着铁释放电子的过程（$Fe=Fe^{2+}+2e$），因此，铜垢总是形成在局部热负荷高的管壁上。开始析出的金属铜呈一个个多孔的小丘，小丘的直径为 0.1～0.8mm，随后许多小丘逐渐连成整片，形成多孔海绵状沉淀层，炉水则充灌到这种孔中，由于热负荷很高，孔中的这些炉水很快就被蒸干而将氧化铁、磷酸钙、硅化合物等杂质留下，这种过程一直进行到杂质填满为止。杂质填充的结果就使垢层中铜的百分含量比刚形成而未填充杂质的垢层中铜的百分含量小。铜垢有很好的导电性，不妨碍上述过程的继续进行，所以在已生成的垢层上又按同样的过程产生新的铜垢层，结垢过程便这样继续下去。

研究证明，当受热面热负荷超过 $2.0×10^5W/m^2$ 时，就会产生铜垢；铜垢的形成速度与热负荷有关，它随着热负荷的增大而加快。在热负荷最大的管段，往往形成的铜垢量最多。

（3）防止方法。为了防止在锅炉中生成铜垢，在锅炉运行方面，应尽可能避免炉管局部热负荷过高；在水质方面，应尽量减少给水的含铜量，防止给水和凝结水系统中铜制件被腐蚀。

2.1.6　汽包炉水处理

1. 概述

（1）热力系统的水汽循环。热力系统由锅炉、汽轮机及附属设备构成。热力系统的热交换部件和水、汽流经的设备、管道，一般称热力设备。经处理的水进入锅炉后，吸收热量变成蒸汽，进入汽轮机，蒸汽的热能转变为机械能，推动汽轮机高速运转，做功后的蒸汽被冷凝成凝结水，凝结水经加热器、除氧器等设备，再进入锅炉，如此反复循环做功。

在热力系统中，作为循环运行工质的水和蒸汽总会有各种损失。为维持热力系统正常的水汽循环运行，要用水补充工质的损失，这部分水称为补给水。天然水必须根据机组参数要求，经过一系列水处理工艺，达到规定的标准后方能作为补给水进入热力系统运行。其水量应根据锅炉参数及水、汽损失来确定。

送入锅炉的水称为给水。有的锅炉给水是由汽轮机蒸汽的凝结水、补给水和供热用汽返回水组成。有的锅炉给水是由汽轮机蒸汽的凝结水和补给水组成。各部分水量由生产实际情况确定。对于供汽、供热量少的机组或凝汽式机组，给水以凝结水为主；对于工业锅炉，一般供汽、供热量较大，当返回水少时，给水主要为补给水。有的发电厂具有不同压力的"锅炉—汽轮机"机组，多用低压或中压机组的汽轮机蒸汽凝结水作为高压机组的补给水，通过水处理工艺制备的补给水只用于补充低压或中压机组的水汽损失。

（2）汽水系统的杂质及危害。热力系统的水汽循环过程中，作为工质的水和蒸汽总会有一定的杂质混入，这些杂质沿水、汽流程随压力、温度的变化，其物理、化学性能也发生变化：有的析出成固体，附着于受热表面或悬浮、沉积在水中，有的随蒸汽进入汽轮机。这些混入炉内的杂质是引起热力设备结垢、积盐和腐蚀的根源。其主要来源有以下五个方面。

1）补给水带入的杂质。经过滤、软化或离子交换除盐处理的补给水，除去了大部分硬度、盐类与悬浮杂质。在水处理设备正常运行的情况下，出水仍残存着一定的杂质；当水处理设备有缺陷或运行操作不当时，处理水中的杂质还会增加。这些杂质随补给水进入热力系统。

2）凝结水带入的杂质。做功后的蒸汽，在凝汽器中被冷却水冷凝成凝结水。当凝汽器中存在不严密处时，冷却水就会泄漏进凝结水中。冷却水一般为不处理或部分处理的原水，水中各种杂质含量较高，即使有少量泄漏，凝结水的含盐量也会迅速增加，使凝结水和给水的水质明显恶化。

3）金属腐蚀产物被水流带入炉内。锅炉、管道、水箱、热交换器等热力设备，在机组运行、启动、停运中，都会腐蚀，其腐蚀产物多为铁和铜的氧化物，这些腐蚀产物随水、汽运行进入炉内。

4）供热用返回水带入的杂质。供热用的蒸汽，在用户使用过程中，不同程度地会受到污染，其返回水中含油量、含铁量及硬度较大。

5）药剂杂质的污染。加药处理用的药品，通常采用工业品，工业品中常含有不同程度的杂质，这些杂质随药剂带入热力系统内，不仅增加了炉水中杂质的含量，而且还会影响加药处理的效果。

对高参数锅炉，给水水质较纯，缓冲性能较差，如凝汽器泄漏使有机物进入热力系统，原水有机物未被水处理工艺完全除掉或除盐设备的树脂粉末等合成有机物进入热力系统，这些有机物在高温、高压下会分解出酸性物质，使炉水 pH 值降低，不呈碱性，从而会引起水冷壁管的腐蚀和腐蚀产物结垢等现象。

（3）炉内加药处理。炉内加药处理就是在汽包炉中加入特定的化学药品，使水中含有的结垢物质呈水渣析出或呈悬浮颗粒，通过锅炉排污系统将其排出炉外，免于结垢，并提高炉水的 pH 值，避免热力设备发生腐蚀。这种处理方法也称炉水处理、炉内处理等。

炉内处理一般总是与锅外水处理（补给水处理、凝结水处理、生产返回水处理等）配合使用的，作为一种必不可少的补充手段。尽管其设备与操作均较锅外处理简便得多，但在保证锅炉安全经济运行方面却发挥着极为重要的作用。

2. 加药处理方法

（1）磷酸盐处理法。

1）磷酸盐处理（PT）的原理与目的。磷酸盐处理是在炉水呈碱性（（pH＝9～10）的条件下，加入磷酸盐溶液，使炉水磷酸根维持在一定浓度范围内，水中的钙离子便与磷酸根反应生成碱式磷酸钙（也称水化磷灰石），少量镁离子则与炉水中的硅酸根生成蛇纹石，其反应式为

$$10Ca^{2+}+6PO_4^{3-}+2OH^- \rightarrow 3Ca_3(PO_4)_2 \cdot Ca(OH)_2 \downarrow （碱式磷酸钙）$$

$$3Mg^{2+}+2SiO_3^{2-}+2OH^- \rightarrow 3MgO \cdot 2SiO_2 \cdot H_2O \downarrow （蛇纹石）$$

碱式磷酸钙和蛇纹石均属于难溶化合物，在炉水中呈分散、松软状水渣，易随锅炉排污排出锅炉，不会黏附在受热面上形成二次水垢。

磷酸盐处理一般采用的药品为磷酸三钠（$Na_3PO_4 \cdot 12H_2O$）。当补给水量较大，并用软化水补充时，炉水碱度很高，可采用磷酸氢二钠（Na_2HPO4）处理，降低一部分游离 NaOH，其反应式为

$$NaOH＋Na_2HPO_4 \rightarrow Na_3PO_4＋H_2O$$

目前，随着机组参数的提高和除盐技术的完善，磷酸盐处理已由最初防止水垢生成逐渐转化为缓冲 pH 值和防止腐蚀，磷酸盐水工况由最初的维持高浓度的 PO_4^{3-} 向低浓度和超低浓度发展，先后经历了高磷酸盐处理、协调磷酸盐处理、等成分磷酸盐处理、低磷酸盐处理和平衡磷酸盐处理等方法。

2）炉水中磷酸盐含量的确定与控制。炉水中磷酸盐会发生下列水解平衡可逆反应，即

$$PO_4^{3-}＋H_2O \rightarrow HPO_4^{2-}＋OH^-$$

因此，炉水中磷酸盐的阴离子有 PO_4^{3-}、HPO_4^{2-} 两种形态。炉水硫酸盐含量的表示方法是将各种形态的磷酸盐阴离子都转化为 PO_4^{3-}，即炉水 LPO_4^{3-} 采用不同的磷酸盐处理方法时，PO_4^{3-} 的控制标准分别见表 2-4～表 2-6。

表 2-4　　　　　　　　　　磷酸盐处理炉水 PO_4^{3-} 的控制标准

锅炉压力（表压，MPa）	单段蒸发（mg/L）	分段蒸发（mg/L）		pH 值	电导率（25℃，μS/cm）
		净段	盐段		
≤5.78MPa	5～15	5～12	≤75	9.0～11.0	—
5.88～12.64	2～10	2～10	≤50	9.0～10.5	<150
12.74～15.58	2～8	2～8	≤40	9.0～10	<60
15.68～18.62	0.5～3	0.5～3		9.0～10	<40

表 2-5 低磷酸盐处理炉水 PO_4^{3-} 的控制标准

锅炉压力 (表压,MPa)	单段蒸发 (mg/L)	分段蒸发（mg/L)		pH 值	电导率 (25℃,μS/cm)
		净段	盐段		
≤5.78MPa	2~8	2~8	≤50	9.0~11.0	<150
5.88~12.64	1~5	1~5	≤40	9.0~10.5	<60
12.74~15.58	0.5~3	0.5~3	≤30	9.0~10	<40
15.68~18.62	0.32~3	0.3~3			<30

表 2-6 磷酸盐处理炉水 PO_4^{3-} 的控制标准

锅炉压力 (表压,MPa)	单段蒸发 (mg/L)	分段蒸发（mg/L)		pH 值	电导率 (25℃,μS/cm)
		净段	盐段		
≤5.78MPa	2~8	2~8	≤50	9.0~10.5	<150
5.88~12.64	1~5	1~5	≤40	9.0~10.0	<60
12.74~15.58	0~3	0~3	≤30	9.0~9.5	<40
15.68~18.62	0~2	0~2			<30

3）炉水中磷酸盐的"暂时消失"现象。有的汽包炉，在运行时会出现一种水质异常的现象，即当锅炉负荷增高时，炉水中磷酸钠盐的浓度明显降低，而当锅炉负荷减少或停炉时，这些磷酸钠盐的浓度又重新升高。这种现象称为磷酸盐的"暂时消失"现象，也叫做磷酸盐的"隐藏"、"隐蔽"现象。

有的超高压汽包炉，在锅炉停运后再启动时，虽然尚未添加磷酸盐，而炉水中却出现了磷酸盐，有的炉水 PO_4^{3-} 含量（表示炉水中磷酸盐的分析总浓度）达数毫克/升，炉水 pH 值却明显低于 9，甚至炉水加酚酞指示剂后并不显示酚酞碱度。以上现象表明，该锅炉运行时炉内有磷酸盐"暂时消失"现象。

磷酸盐的"暂时消失"现象的实质是当锅炉高负荷时，易溶的磷酸盐从炉水中析出，沉积在水冷壁管上，炉水中磷酸盐浓度便明显降低；当锅炉低负荷运行时，沉积在管面上的磷酸盐又溶解下来，炉水中的磷酸盐浓度又明显升高。产生磷酸盐"暂时消失"现象的原因是磷酸盐溶解度与温度有关，如图 2-9 所示，从图中可见，当温度高于 120℃时，磷酸三钠的溶解度迅速降低。当锅炉热负荷升高时，管内沸腾剧烈，近管壁层水中盐类浓度增大，而此时磷酸三钠的溶解度又明显降低，故该处磷酸三钠的浓度很容易超过其溶解度而析出，并沉积在炉管表面。当负荷降低时，炉水温度降低，溶解度又升高，磷酸盐又重新溶解下来。

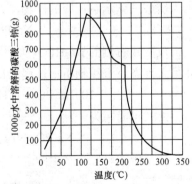

图 2-9 磷酸三钠在水中溶解度
与其温度的关系

磷酸盐"暂时消失"现象的危害如下。

a."暂时消失"现象主要发生在热负荷高的管壁（水冷壁）上，形成的易溶盐附着物因传热不良可以导致炉管管壁金属严重超温过热，以至引起炉管损坏；这些易溶盐附着物还能与管壁上的其他沉积物（主要是铁的沉积物）发生反应，生成复杂的难溶水垢，并加剧水冷壁管的结垢与腐蚀过程。

b.磷酸钠盐"暂时消失"现象发生时，会使管内近壁层炉水中产生游离 NaOH。含有游离 NaOH 的炉水局部高度浓缩会引起炉管金属的碱性腐蚀。

磷酸盐的"暂时消失"现象与受热管壁的热负荷有关，一般来说，参数越高、容量越大的锅炉，越易发生易溶盐"暂时消失"现象。

防止磷酸盐"暂时消失"现象发生的办法是实行低磷酸盐的炉水处理方式或采用全挥发性处理。

4）协调 pH 磷酸盐处理/等成分磷酸盐处理（CPTC）。炉水协调 pH 磷酸盐处理也称炉水磷酸盐 pH 协调控制，是向炉水加入磷酸三钠和磷酸氢二钠混合液，使炉水中的游离氢氧化钠全部转变成磷酸三钠，防止炉水产生游离氢氧化钠，维持 Na^+ 与 PO_4^{3-} 的摩尔比为 2.6～3.0 的磷酸盐处理。如果保持溶液和析出物中的 Na^+ 与 PO_4^{3-} 的摩尔比相等，则称为等成分磷酸盐处理。

在热负荷较高的锅炉水冷壁管内，炉水中的游离 NaOH 可在炉管的沉积物下浓缩到很高的程度，因而引起炉管的腐蚀。炉水中加入磷酸三钠和磷酸氢二钠混合液后，炉水中的反应为

$$Na_2HPO_4 + NaOH \rightarrow Na_3PO_4 + H_2O$$

只要炉水中钠离子 Na^+ 和磷酸根离子 PO_4^{3-} 的摩尔比（R）控制在一定范围内，就可以使炉水既有足够的 pH 值和一定的 PO_4^{3-} 浓度，又不会含游离氢氧化钠。

传统的磷酸盐处理法，在发生磷酸盐"暂时消失"现象时，会因磷酸三钠水解反应而在管壁上析出磷酸盐沉积物，此沉积物为磷酸三钠和磷酸氢二钠混合物。其中的磷酸氢二钠为磷酸三钠水解反应的产物，即

$$Na_3PO_4 + H_2O \rightarrow Na_2HPO_4 + NaOH$$

反应式右侧的 Na_2HPO_4 从炉水中析出，在水冷壁管近壁层液相中，NaOH 便留存下来，并呈游离态。沉积物析出过程的反应式为

$$100Na_3PO_4 + 15H_2O \rightarrow 85Na_3PO_4 \cdot 15Na_2HPO_4 + 15NaOH$$

上式可简写为

$$Na_3PO_4 + 0.15H_2O \rightarrow Na_{2.85}H_{0.15}PO_4 \downarrow + 0.15NaOH$$

从反应式可知，产生的游离 NaOH 会在管壁近壁层局部地区浓缩，引起金属材料的碱腐蚀，这也是以往磷酸盐处理中存在的问题。采用协调 pH 磷酸盐处理，只要控制恰当，即使产生磷酸盐"暂时消失"现象，也不会在炉水中产生游离 NaOH。控制 Na^+ 与 PO_4^{3-} 摩尔比（R）在适当范围内，是该方法的关键。

实验得出，溶液和固相物的 Na^+ 与 PO_4^{3-} 摩尔比的关系及 Na_3PO_4-H_2O 体系中溶液组成与析出的固相物组分的关系见表 2-7。当炉水中 Na^+ 与 PO_4^{3-} 摩尔比过高（大于 2.85）

时，析出固相物后，炉水中会产生游离 NaOH，引起碱性腐蚀；随着炉水中 Na^+ 与 PO_4^{3-}
摩尔比降低，炉水中 Na_2HPO_4 含量增加，pH 值降低，易于引起水冷壁管的酸性腐蚀。因
此，为防止产生游离 NaOH，并保持一定的 pH 值，Na^+ 与 PO_4^{3-} 摩尔比应控制在 2.13～
2.85 范围。在实际操作中，控制炉水中 Na^+ 与 PO_4^{3-} 摩尔比在 2.5～2.8 范围内是比较安全
的，DL/T 805—2011（所有部分）《火电厂汽水化学导则》则要求将 Na^+ 与 PO_4^{3-} 摩尔比提
高到 2.6～3.0。

表 2-7　　　　　　　　　　　溶液和固相物的 Na^+ 与 PO_4^{3-} 摩尔比

溶液的 Na^+/PO_4^{3-} 摩尔比	析出固相物中 Na^+/PO_4^{3-} 摩尔比	析出固相物后溶液的 Na^+/PO_4^{3-} 摩尔比变化
大于 2.85	小于溶液中的摩尔比	增大（溶液中有游离氢氧化钠产生）
等于 2.85	等于溶液中的摩尔比	不变（同组分，不产生游离氢氧化钠）
2.85～2.13	大于溶液中的摩尔比	减小（不产生游离氢氧化钠）
等于 2.13	等于或大于溶液中的摩尔比	不变（同组分，不产生游离氢氧化钠）
小于 2.13	大于溶液中的摩尔比	减小

因炉水中除磷酸钠外，还有其他钠的化合物，故炉水的 Na^+ 与 PO_4^{3-} 摩尔比不能采用
测定炉水中钠离子和磷酸盐浓度的办法求出。确定炉水中 Na^+ 与 PO_4^{3-}，首先必须精确测
定炉水中的 PO_4^{3-} 浓度和 pH 值（25℃），然后查出相应的 Na^+ 与 PO_4^{3-} 摩尔比。各种不同
Na^+ 与 PO_4^{3-} 摩尔比的磷酸盐水溶液的 pH 值（25℃）与磷酸盐总含量关系的理论值，可根
据水溶液中酸碱平衡理论算出，其相关关系如图 2-10 所示。实际应用范围一般选用 PO_4^{3-}
为 5～10mg/L，Na^+ 与 PO_4^{3-} 摩尔比为 2.5～2.8。其控制范围如图 2-11 所示，pH 值、PO_4^{3-}
点落在方块内时，水质控制合格，若点不在方块之内，则应及时进行调整。

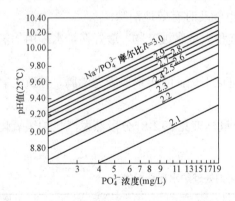

图 2-10　各种 Na^+/PO_4^{3-} 摩尔比的磷酸盐溶液中
磷酸盐总含量（PO_4^{3-}mg/L）与 pH 值（25℃）的关系

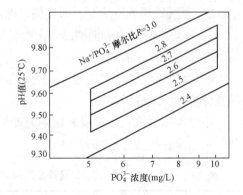

图 2-11　控制 PO_4^{3-} 为 5～10mg/L，
Na^+/PO_4^{3-} 摩尔比为 2.5～2.8 的方框图

5）平衡磷酸盐处理（EPT）。平衡磷酸盐处理指维持水中磷酸三钠含量只够与水中硬
度成分反应所需的最低浓度，即"平衡浓度"，或者低于发生磷酸钠隐藏现象的临界值，同
时允许炉水中含有不超过 1mg/L 的游离氢氧化钠，保证炉水的 pH 值在 9.0～9.6 范围内，

防止水冷壁管发生酸性磷酸盐腐蚀，同时防止炉内生成钙镁水垢的处理。

（2）全挥发性处理（AVT）。在给水和炉水中都只添加挥发性碱（例如氨和中和胺）和除氧剂（例如联氨和其他有机溶剂）的处理方法。加挥发性碱用以调节 pH 值，加除氧剂用以除氧，避免金属材料遭受腐蚀。该方法可以减少热力系统金属材料的腐蚀，减少给水中携带腐蚀产物，从而减少炉内沉积物，适用于高纯度给水的锅炉，给水的电导率应小于 $0.2\mu S/cm$。该方法可用于超高参数汽包炉和直流炉。由于锅炉启动初期，炉水中会有一定的腐蚀产物，所以一般初期采用磷酸盐处理；启动后由于炉水纯度很高，而采用全挥发性处理。这样既解决了腐蚀问题，又减小了炉水的含盐量。

（3）中性水处理（NWT）。在 pH 值为 6.5～7.5 的高纯度给水（电导率小于 0.1～$0.15\mu S/cm$）中，添加适量氧化剂（H_2O_2 或气态氧）、不加或加入少量挥发性碱的水处理方法。该方法使金属表面形成保护膜，从而提高了碳钢材料的耐蚀性，减少钢铁腐蚀，降低给水含盐量和锅炉受热面的结垢速率，但该方法给水缓冲性差，在有微量杂质混入或 pH 值降低时，铁和铜的腐蚀溶出率增大。

（4）联合水处理法（CWT）。向电导率小于 0.1～$0.15\mu S/cm$ 的给水中，加入适量挥发性碱（如氨），使给水 pH 值提高到 8.0～8.5，保持碱性，再加入氧化剂（如氧），其浓度维持在 150～300mg/L。该方法适用于直流炉，可以抑制系统中碳钢的腐蚀。

（5）氢氧化钠（不挥发碱）处理（CT）法。该方法的原理是：在一定的水工况下，氢氧化钠的存在阻碍 γ-Fe_2O_3 向 α-Fe_2O_3 转化，使金属表面形成致密的保护膜，降低沉积物的生成，减缓腐蚀。可以防止由各种原因引起的锅炉水冷壁管的酸性腐蚀损坏，也是汽包炉最有效的一种炉水处理方式。

实施氢氧化钠处理，系统应满足如下条件。

1）给水氢电导率应小于 $0.2\mu S/cm$；

2）凝汽器基本不泄漏，即使偶尔微渗漏也能及时有效地消除；

3）锅炉水冷壁内表面清洁，无明显腐蚀坑和大量腐蚀产物。最好在炉水采用加氢氧化钠处理前进行化学清洗；

4）锅炉热负荷分配均匀，水循环良好，避免干烧，防止形成膜态沸腾，导致氢氧化钠的过分浓缩，造成碱腐蚀。

不分段蒸发汽包锅炉氢氧化钠处理炉水质量标准见表 2-8，分段蒸发汽包炉氢氧化钠处理炉水质量标准参考值见表 2-9。

表 2-8　　　　　　　　　　不分段蒸发汽包炉氢氧化钠处理炉水质量标准

锅炉压力	pH 值（25℃）	电导率（μS/cm）	氢电导率		氢氧化钠		氯离子		钠（mg/L）
			标准值	期望值	标准值	期望值	标准值	期望值	
			μS/cm		mg/L		mg/L		
12.7～15.6	9.4～9.6	<15	<1.0	≤0.5	<1.0	1～1.2	<0.4	<0.1	0.35～1.0
15.7～18.3	9.4～9.6	<15	<1.0	≤0.5	<1.0	1～1.2	<0.4	<0.1	0.35～1.0

52

表 2-9 分段蒸发汽包炉氢氧化钠处理炉水质量标准

分段	pH 值 (25℃)	电导率 (μS/cm)	氢电导率		氢氧化钠		氯离子		钠 (mg/L)
			标准值	期望值	标准值	期望值	标准值	期望值	
			μS/cm		mg/L		mg/L		
净段	9.3～9.5	<15	<1.0	≤0.5	0.8～1.5	1～1.2	<0.4	<0.1	0.35～1.0
盐段	9.4～9.6	<25	<3.0	≤2.0	1.5～2.5	1～2	<0.4	<0.1	1.0～1.6

机组正常启动时，上水期间通常是靠加氨将给水 pH 值提高到 8.8～9.3（加热器为钢管时，pH 值为 9.0～9.5，即采用全挥发性处理，由于氨的携带系数很大，当锅炉点火加热、产生大量蒸汽时，随给水进入锅炉炉水中的碱性挥发物质被携带进入蒸汽，炉水中的 pH 值很快下降（此现象在采用协调磷酸盐处理的机组上更为突出，炉水改为氢氧化钠处理后，还会滞后一段时间），炉水失去酚酞碱度，造成酸性腐蚀。为从根本上提高水汽质量，在机组启动过程中，给水不仅加氨，同时也加适量的氢氧化钠（至锅炉能正常加药为止），使整个汽水系统都能得到有效的碱化，此时从给水中加的氢氧化钠不会影响过热蒸汽品质。

采用氢氧化钠处理后，当炉水水质异常时应根据实际情况按照三级处理方法采取措施，见表 2-10。

表 2-10 炉水水质异常时的处理措施

凝结水硬度（μmol/L）	存在问题	应采取的措施
2～5	有杂质造成腐蚀、结垢的可能性	正常运行，加大排污（包括连续排污和定期排污），迅速查找污染原因，在 72h 内硬度降至 2μmol/L 以下，直至 0μmol/L
5～10	肯定有杂质造成腐蚀、结垢	减负荷运行，迅速查漏，连续排污开度至 100%，定期排污每班一次，24h 内硬度降至 2μmol/L 以下，直至 0mol/L
>10	正在进行快速腐蚀、结垢	减负荷运行，停凝汽器查漏，4h 内缺陷得不到处理，应立即停机，整炉换水

如炉水由磷酸盐处理转换为氢氧化钠处理，应停止向炉水中加磷酸盐，将药箱中原磷酸盐溶液排掉，用除盐水冲洗数次至干净，用分析纯氢氧化钠配成稀溶液，按需要加入汽包，使炉水水质保持在标准范围内。

此外，炉水调节水质的办法还有聚合物（分散剂）处理法、螯合剂（有机物）处理法等。

聚合物处理法是采用有机聚合物（如 CMC、HPMA、PMA、PAA 等）单独或与其他药剂联合使用对炉水进行处理的一种方法。该方法主要是利用聚合物的分散作用来减少炉内水垢的沉积。

炉内采用螯合剂处理，常用的螯合剂有乙二胺四乙酸（EDTA），氨基三乙酸（NTA）等。以除盐水作补给水的锅炉，在热负荷很高时，例如，燃油的中压锅炉或给水品质较高、给水中无钙/镁离子的高压锅炉，采用螯合剂 EDTA 处理，防止铁垢在炉内的沉积，效果较好。

3. 炉内加药处理方法的评价

磷酸盐处理法应用较多，一般中、高压及超高压锅炉均可采用磷酸盐处理法。该方法能有效地防止钙、镁水垢的形成，但不能防止铁垢的形成。当 PO_4^{3-} 含量较高时，易在高热负荷区产生磷酸盐"暂时消失"现象。该方法加药控制方便，并易实现自动化控制。

协调 pH 磷酸盐处理法兼有防垢、防腐蚀的效果，即使炉内产生"暂时消失"现象，也不会因产生游离 NaOH 而造成碱性腐蚀。这种处理法效果好，但控制操作比磷酸盐处理复杂。采取等成分磷酸盐处理时，由于锅炉负荷变化，难于控制锅炉的 pH 值，当负荷下降时，pH 值下降较多，易引起酸性磷酸盐腐蚀。

当以除盐水为补给水，水质稳定，长期无硬度，且采用磷酸盐处理、协调 pH 磷酸盐处理或低磷酸盐处理均有严重的磷酸盐"消失"现象时，可采用平衡磷酸盐处理。

全挥发性处理、中性水处理、联合水处理均为高纯水补充的锅炉所采用，多用于直流炉及超高参数汽包炉，用在给水处理中，可不再进行炉内加药。

氢氧化钠处理炉水与全挥发性处理相比，具有减少酸性腐蚀、允许炉水氯化物较高、炉水足够碱化的优点，而与磷酸盐处理相比，具有降低炉水含盐量、减少加药量、减少排污率、避免磷酸盐"隐藏"现象、简化有关磷酸盐的监控指标以及消除磷酸盐"隐藏"导致的腐蚀和沉积物下的介质浓缩腐蚀等优势。

聚合物处理法防垢效果好，并能防止铁、铜在金属表面上的沉积；其防垢机理和过程较复杂，药品价格也较昂贵，尚未广泛使用。

螯合剂处理法效果好，不仅可防止铜垢、铁垢的形成，并能除去管壁原来生成的垢。但因价格昂贵，还要求在使用前对锅炉进行化学清洗，并要求给水中无钙、镁离子，使用条件较高，不易推广使用。

4. 中高压锅炉炉内水处理的加药方法及装置

（1）加药方法与药液的配制。

1）间断加药（多适于小型锅炉）。即每隔一定时间，例如每天或每班一次或数次，向炉水或给水中加药。

2）连续加药。是以一定浓度的药液，连续地向炉水或给水中加药的方法。该方法可使炉水保持一定的药液浓度，各项水质指标保持平稳，起到有效防垢作用。

药剂的配制，一般均采用经处理的补给水，将固体药剂或液体药剂配制成浓溶液，以磷酸盐为例，浓度一般为 5%~8%，可在化学车间配制。再将此浓溶液经机械过滤器过滤后，送至药液贮存箱，并用补给水稀释至 1%~5%，再用压力高、容量小的柱塞泵（泵出口压力应高于汽包压力），连续地将稀释后的药液送入汽包内，维持炉水浓度在指定范围内。对于螯合剂 EDTA 药液的配制，凡与药液接触的管道、设备、阀门、加药泵等，均应采用不锈钢或耐 EDTA 腐蚀的材料。

（2）加药装置与系统。小型锅炉可采用在给水泵低压侧，利用高位药箱药液的重力作用，加到给水泵入口侧低压管内，随给水进入锅炉；也可在给水泵出口与锅炉省煤器出口间连接一高压药罐，利用给水泵高压侧出口压力与省煤器出口压力差，将药液压入炉内。补充药品时，将加药罐与系统隔离即可加入。

对于中、高压锅炉，一般都采用高压加药泵向锅炉汽包内加药。

磷酸盐溶液制备系统如图 2-12 所示。以磷酸盐为例，在磷酸盐溶解箱内，将固体药品加入，并用补给水溶解，在溶解过程中，可用泵打循环，使其均匀溶解，配制成浓度为 5%～8% 的浓溶液。全部溶解后的溶液，用泵经过滤器过滤后，打入磷酸盐溶液贮存箱，并用水稀释至 1%～5% 的稀溶液。

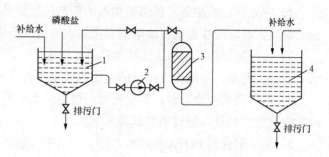

图 2-12　磷酸盐溶液制备系统

1—磷酸盐溶解箱；2—泵；3—过滤器；4—磷酸盐溶液贮存箱

锅炉水磷酸盐溶液加药系统如图 2-13 所示。经过滤、稀释的磷酸盐溶液，经计量箱、加药泵直接注入汽包内。汽包内的磷酸盐加药管是沿汽包长度方向铺设的，加药管在下降管附近，应远离排污管入口，以防排污时将新注入的药液排掉。加药管上，沿汽包长度开等距离小孔，使药液均匀加入汽包内。一般药液连续加入，故加药泵应有备用。两台相同压力的锅炉，可共用一台备用泵，即用三台泵，其中一台作备用。加药泵多采用柱塞泵，用调节泵的活塞冲程来改变加药量。加药量应根据炉水中 PO_4^{3-} 分析化验数据来确定。磷酸盐加药自动控制装置可实现加药控制自动化。该装置可按照要求，将炉水中 PO_4^{3-} 的浓度控制在所指定的范围内。当炉水水质变化，炉水 PO_4^{3-} 含量高于指定值上限时，加药泵自动停止加药；炉水 PO_4^{3-} 降到下限时，泵即启动。采用炉水磷酸根表测定的 PO_4^{3-} 含量来控制加药量。

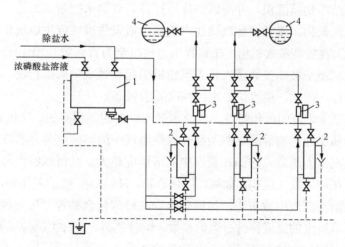

图 2-13　炉水磷酸盐溶液加药系统

1—磷酸盐溶液贮存箱；2—计量箱；3—加药泵；4—锅炉汽包

（3）炉内加药处理的注意事项。

1）应采用补给水配制，不允许采用生水配药。药剂应充分溶解，对于难溶药品，可选用加温或其他方法溶解后，再倾入加药箱内。药箱底部应有排污门，并经常清除沉渣，以免沉积物带入炉内。对于相互间易发生反应的药剂，如六偏磷酸钠与氢氧化钠，应分别配制，分别加入。

2）应先排污后加药，以防新加入的药剂排出炉外。加药量应根据炉水水质情况确定。加药量较大时，应注意勿将冷溶液直接加入锅内，需先预热，以减少因温差引起的应力。

3）按规定加药，定期或连续加药；按规定排污，定期或连续排污；定期化验，按化验结果确定加药量；定期检查，以确定加药效果及管理水平，适时进行调整。

4）采用磷酸盐处理时，其加药量应根据炉水中所控制的 PO_4^{3-} 指标、锅炉水容积及排污量进行初步估算，通过调整试验来确定。

5）采用螯合剂 EDTA 处理时，由于当水中有溶解氧时，EDTA 对设备有腐蚀作用，加之溶解氧还能促进 EDTA 发生分解反应，所以 EDTA、二钠盐溶液必须加在除氧器及添加化学除氧剂除氧之后，并在 EDTA 稀溶液加入给水管道处，应加有保护套。另外，不能把 EDTA 溶液直接加入汽包金额凝汽器内，同时，采用 EDTA 处理前，应对锅炉进行化学清洗，以防炉管壁上结的垢大量消耗 EDTA 药品。

2.1.7 直流炉水处理

1. 直流炉汽水系统概述

（1）结构特点和工作原理。由于直流炉没有汽包，没有循环流动的炉水，给水依靠给水泵产生的压力顺序流经省煤器、水冷壁、过热器等部分，便依次完成水的加热、蒸发和过热等阶段，最后全部变成过热蒸汽送出锅炉。这是直流锅炉与汽包炉的基本差别。

因此，直流炉不像汽包炉那样可以进行锅炉排污以排出炉水中杂质；不能进行炉内水处理以防止水中结垢物质沉积，并随锅炉排污排掉。若给水携带杂质进入锅炉，这些杂质将在炉管内形成沉积物，或者被蒸汽带往汽轮机中后发生腐蚀或生成沉积物，两者必居其一。直流炉多为大容量高参数机组（超临界压力机组全为直流炉），无论杂质沉积于高热负荷的水冷壁管内，还是被高参数蒸汽带入汽轮机引起腐蚀或生成沉积物，都会严重危害机组的安全经济运行。因此，直流炉给水的纯度要求极高。

（2）杂质在直流炉内的沉积特性。由给水带入炉内的杂质有钙、镁化合物，钠化合物，硅酸化合物和金属腐蚀产物等。这些杂质在过热蒸汽中的溶解度与此蒸汽的参数（压力和温度）有关，蒸汽压力越高，它们在蒸汽中的溶解度越大。其沉积特性与其溶解度有关，溶解度小则易于在炉内发生沉积，如钙、镁化合物，Na_2SO_4，铁的氧化物，铜的氧化物等；而溶解度大则易溶在蒸汽中被带走，如钠化合物、硅酸化合物等。每一种该杂质的具体沉积部位应根据其溶解度的温度特性、锅炉参数、炉管负荷、运行工况等因素进行综合分析。

（3）杂质在直流炉中的沉积部位。杂质随给水带入直流炉后，由于水的不断蒸发，它们就不断地浓缩在尚未汽化的水中，当达到饱和浓度后，便开始呈固相析出在管壁上，所以杂质主要沉积在残余湿分最后被蒸干和蒸汽微过热的这一段炉管内。中压直流炉中，沉积的部位是从蒸汽湿度小于20%的管段开始到蒸汽小于30℃过热的管段为止；高压直流炉中，沉积的部位为蒸汽湿度小于 30%～40%，起到蒸汽微过热为止，沉积物最多的是在蒸汽湿度小于 5%～6%的部位；在超高压力和亚临界压力直流炉中，从蒸汽湿度为 50%～60%

的区域开始就有沉积物析出，在残余湿分被蒸干和蒸汽微过热的这一段炉管内沉积物较多。

对于中间再热式直流炉，在再热器中可能会有铁的氧化物沉积。各种杂质在蒸汽中的溶解度大都是随蒸汽温度升高而增大的，因此，当蒸汽在再热器内升温时，杂质一般不会沉积出来。但铁的氧化物在蒸汽中的溶解度是随着蒸汽温度的升高而降低的，这就是在再热器中只有铁的氧化物沉积的原因。蒸汽中铁的氧化物一般是沉积在再热器出口管段，这是因为这里的再热蒸汽温度最高，铁的氧化物在此再热蒸汽中的溶解度降至最低的缘故。除此之外，再热器本身的腐蚀也会使再热器中沉积铁的氧化物。由于沉积铁的氧化物可能导致再热器管烧坏，所以对于中间再热式机组，应防止再热器中沉积铁的氧化物的问题。解决这一问题的根本途径是降低锅炉给水的含铁量和防止锅炉本体与热力系统的腐蚀。

（4）直流炉的给水水质标准。为保证锅炉、汽轮机的安全经济运行，防止给水中杂质在直流炉内沉积和被蒸汽带往汽轮机，对直流炉给水水质有非常严格的要求。GB 12145—2008《火力发电机组及蒸汽动力设备水汽质量》规定的直流炉给水水质标准见表 2-11。

表 2-11   直流炉给水水质标准

项目	锅炉出口主蒸汽压力（MPa）	电导率（25℃氢离子交换后，μS/cm）	Na^+（μg/L）	全硅（以 SiO_2 表示，μg/L）	pH 值（25℃）	
参数	5.9～18.3	≤0.15	≤2	≤20	8.8～9.3（有铜）或 9.2～9.6（无铜）	
项目	硬度（μmol/L）	全铁（μg/L）	全 Cu（μg/L）	O_2（μg/L）	过剩 N_2H_4（μg/L）	TOC（μg/L）
参数	≈0	≤5	≤3	≤7	≤30	≤200

2. 直流炉水处理的特点

（1）水质处理。

1）补给水制备。通常可分预处理、预脱盐和深度除盐。

地表水、海水预处理宜采用沉淀（混凝）、澄清、过滤的预处理方式。当悬浮物含量较小时，可采用接触混凝、过滤或膜处理；当地表水、海水悬浮性固体和泥砂含量超过所选用澄清器（池）的进水要求时，应在供水系统中设置降低泥砂含量的预沉淀设施或备用水源。对于再生水及矿井排水等回收水源应根据水质特点选择采用生化处理、杀菌、过滤、石灰凝聚澄清、超（微）滤处理等工艺。对于水处理容量较大，碳酸盐硬度高的再生水宜采用石灰凝聚澄清处理，石灰药剂宜采用消石灰粉。当水源非活性硅含量较高时，应考虑硅对蒸汽品质的影响，可采用接触混凝、过滤或沉淀（混凝）、澄清、过滤及超（微）滤等方法去除。非活性硅去除率应通过试验或参考类似发电厂的经验确定。原水有机物含量较高时，可采用氯化、混凝、澄清、过滤处理。上述处理仍不能满足下一级设备进水水质要求时，可同时采用活性炭、吸附树脂、生化处理或其他方法去除有机物。经处理后，水中游离余氯的含量超过后续处理系统进水标准时，宜采用活性炭吸附或加亚硫酸钠等处理方法除氯。

水的预脱盐包括反渗透法、蒸馏法（多级闪蒸、低温多效蒸馏、压汽蒸馏等）等工艺。对于含盐量较高的水源，一般采用反渗透工艺进行预脱盐。海水淡化可以采用反渗透法或蒸馏法等技术。

对于除盐处理系统，可选用离子交换法、预脱盐加离子交换法或预脱盐加电除盐法等除盐系统。

2）凝结水净化。直流炉给水的组成中绝大部分是汽轮机凝结水，因此，使凝结水的水质优良，对保证给水水质是极为重要的。由于凝汽器渗漏（或泄漏）、管道和设备的腐蚀、进入凝汽器的疏水（如加热器疏水）带入腐蚀产物等原因，都会使凝结水被污染。所以对于直流炉，应对全部凝结水进行净化处理。凝结水净化系统通常为凝结水→凝结水泵→前置过滤器→混床离子交换过滤器→凝结水升压泵→低压加热器。

3）给水、凝结水的挥发性药品处理。其主要是为了防止凝结水、给水系统的腐蚀和防止金属腐蚀产物污染给水。现有两种处理方式：一种是加氨和联氨，称为还原性水规范处理（氨可加到凝结水除盐设备的出水管中，联氨加到除氧器的出水管中）；另一种是加氧和加氨，称为氧化性水规范处理。当采用还原性水规范的方式时，对于亚临界压力及其以下压力的直流炉，由于热力系统中加热器的管材为铜合金，应将给水 pH 值维持在 8.8～9.3；对于超临界压力直流炉，由于热力系统中各种加热器的管材均采用钢管，应将给水的 pH 值维持在 9.3～9.5。直流炉采用还原性水化学工况，主要存在着以下缺点。

a．给水含铁量仍较高，炉内下辐射区局部产生的铁沉积物多；

b．缩短了凝结水除盐设备的运行周期，原因是混床中阳树脂的比例相当大，一部分交换容量被用于吸着氨，导致再生频率高、运行费用相应增加等。目前，直流炉水处理通常采用氧化性水规范。

（2）汽水系统的清洗。为了保证直流炉的安全经济运行和产生质量优良的蒸汽，除了应确保给水水质外，还应做好停用时汽水系统的清洗工作和保护工作。

在汽水系统的清洗方面，直流炉与汽包炉相比，其相同之处为新锅炉启动前都应进行化学清洗；锅炉运行一段时间后，还要用化学清洗的方法除掉积累在炉内的各种沉积物。

对于直流炉，在新机组启动前进行化学清洗时，应将给水、凝结水系统（常统称为炉前系统）都包括在化学清洗的范围内；每次启动时，应将炉前系统以及锅炉本体的汽水系统用水进行清洗。这两项工作都是为了排除汽水系统中的杂质，以免影响启动后的水汽质量及安全运行。而对于汽包炉，由于在启动过程中，可以用加强定期排污的办法，将随给水进入炉内的腐蚀产物、杂质以及炉内原有的一些杂质排除，所以不必进行炉前系统的化学清洗和锅炉启动时的水洗。

（3）直流炉启动时的水洗。为去除机组停用期间所产生的腐蚀产物，以及系统中的其他杂质，如硅化合物等，直流炉每次启动时要用水流冲洗锅炉的汽水系统和炉前系统，其水洗方式有冷态和热态两种。

1）冷态清洗就是在锅炉点火前，用除盐水（或凝结水）冲洗包括高压加热器、低压加热器、除氧器、省煤器、水冷壁、炉顶过热器以及启动分离器等部件在内的汽水系统。冷态清洗应分两个阶段进行，首先清洗给水泵前的低压系统，洗完后再清洗给水泵后的高压系统。

低压系统清洗时，其循环回路（常称为小循环）应为凝汽器→凝结水泵（排地沟）→前置过滤器→混床→凝结水箱→凝结水升压泵→低压加热器→除氧器→凝汽器。

清洗时，启动凝结水泵和凝结水升压泵，使水流在回路中循环流动，按前置过滤器入口水的含铁量控制清洗过程。当前置过滤器入口水中含铁量大于 1000μg/L 时，应将清洗水排放；当含铁量小于 1000μg/L 时，清洗水通过前置过滤器和混床除盐装置，以除去水中杂质；当含铁量小于 200μg/L 时，可结束低压系统的清洗，开始进行高压系统的清洗。

高压系统清洗时，其循环回路（常称大循环）应为凝汽器→凝结水泵→前置过滤器→混床→凝结水箱→凝结水升压泵→低压加热器→除氧器→给水泵→高压加热器→锅炉本体汽水系统→启动分离器→凝汽器。

清洗时启动给水泵、凝结水泵和凝结水升压泵，使水流在上述回路中循环流动，按启动分离器出口水的含铁量控制清洗过程。当启动分离器出口水中的含铁量大于 1000μg/L 时，将清洗水排放；当含铁量小于 1000μg/L 时，清洗水由启动分离器进入凝汽器，然后通过前置过滤器和混床，以除去清洗水中杂质；当含铁量小于 100μg/L 时，清洗过程即可结束。

冷态清洗结束后，锅炉就可开始点火。

2）热态清洗。锅炉点火以后，水在锅炉汽水系统内流动的过程中，因吸收了来自炉膛的热量而不断升温，随着启动过程的进行，水的温度和压力也逐渐提高，于是又会把残留在汽水系统内的杂质（主要是铁的腐蚀产物和硅化合物）冲洗出来，使水中杂质的含量增加。这些杂质会影响锅炉启动后的水汽质量，因此应该在锅炉启动过程中设法将它们排除掉。

在锅炉启动过程的前期阶段，水在锅炉汽水系统中流动的路线，是与高压系统冷态清洗时的循环回路相同的，水从锅炉本体汽水系统流出时带出的杂质，在水通过前置过滤器和混床除盐装置时，可以被除去。因此，在锅炉启动过程中，当水温（以锅炉本体汽水系统出口水温为准）升高到一定数值后，应暂时停止升温，并在一段时间维持炉内的水温，使水仍然沿着高压系统冷态清洗时的循环回路流动。在这段时间内，锅炉本体汽水系统中的杂质，可以被流动着的热水清洗出来，洗出来的杂质在水通过前置过滤器和混床除盐装置时不断地被除掉。这样进行的清洗过程常称为热态清洗。

热态清洗时，水温较高，冲洗效果较好；但水温不应过高，通常锅炉本体汽水系统出口水温不应超过 290℃。因为铁的氧化物在高温水中的溶解度很小，水温太高时，在热负荷较大的水冷壁管或者炉顶过热器管、包覆管中，容易发生水中铁的氧化物重新沉积现象。所以水温过高时，清洗效果反而不好，清洗结束后，炉管中仍然会有不少铁的氧化物。以1000t/h 亚临界压力燃油直流炉为例，当包覆管出口水温达到 260℃时，将水温保持稳定，进行热态清洗，经一段时间后，将水温升至 290℃，再将水温保持稳定，继续进行热态清洗。热态清洗过程中，包覆管出口水的含铁量先是逐渐增加，当达到某个最大值后（其具体数值比冷态清洗结束时大 5～10 倍，甚至更多），就逐渐减少。热态清洗至包覆管出口水含铁量小于 100μg/L 时为止。

热态清洗结束后，就可继续提高水温，并进行锅炉启动过程的其他步骤。

（4）直流炉的热化学试验。查明在不同的给水水质和各种锅炉运行工况（例如不同的锅炉负荷、负荷升降速度、蒸汽参数等）下锅炉产生的蒸汽品质；查明给水中各种杂质在炉管内沉积的部位和数量。因此，通过试验，可确定给水水质和合适的锅炉运行工况。直流炉的热化学试验无需经常进行，发生下述情况之一时，才有必要进行。

1）提高额定蒸发量。

2）改变炉内装置、改变锅炉热力循环系统或改变燃烧方式。

3）发现锅炉受热面结垢或汽轮机通流部分积盐程度达到三类。

2.2 冷却水系统

2.2.1 金属材质选用原则

在冷却水系统的正常运行过程中，金属常常会发生不同形态的腐蚀。火力发电厂中冷却水系统中主要存在的金属腐蚀有均匀腐蚀、电偶腐蚀、缝隙腐蚀与垢下腐蚀、点蚀、选择性腐蚀、磨损腐蚀、应力腐蚀破裂等。根据 DL/T 712—2010《发电厂凝汽器及辅机冷却器管选材导则》，在火力发电厂发电机组循环冷却水系统中，主要的换热设备包括凝汽器、冷油器或空冷器等，它们的传热表面金属材质一般为黄铜、白铜、不锈钢、钛等。

国产铜合金管应符合 GB/T 8890—2007《热交换器用铜合金无缝管》的规定。常用牌号黄铜管和白铜管的化学成分应分别符合表 2-12 和表 2-13 的规定。国产不锈钢管的质量应符合 GB/T 20878—2007《不锈钢和耐热钢　牌号及化学成分》标准的规定。常用牌号的不锈钢管的化学成分应符合表 2-14 的规定。钛管的质量应符合 GB/T 3625—2007《换热器及冷凝器用钛及钛合金管》标准的规定，其化学成分应符合表 2-15 的规定。

表 2-12　　　　　常用牌号黄铜管的主要化学成分对照（质量百分数）　　　　　%

牌号	主　要　成　分							
	Cu	Al	Sn	As	B	Ni	Mn	Zn
H68A	67.0～70.0	—	—	0.03～0.06	—	—	—	余量
HSn70-1	69.0～71.0	—	0.8～1.3	0.03～0.06	—	—	—	余量
Sn70-1B	69.0～71.0	—	0.8～1.3	0.03～0.06	0.0015～0.02	0.05～1.00	—	余量
HSn70-1AB	69.0～71.0	—	0.8～1.3	0.03～0.06	0.0015～0.02	—	0.02～2.00	余量
HAl77-2	76.0～79.0	1.8～2.3	—	0.03～0.06	—	—	—	余量

表 2-13　　　　　常用牌号白铜管的主要化学成分对照（质量百分数）　　　　　%

牌号	主　要　成　分			
	Ni	Fe	Mn	Cu
BFe30-1-1	29.0～32.0	0.5～1.0	0.5～1.2	余量
BFe10-1-1	9.0～11.0	1.0～1.5	0.5～1.0	余量

表 2-14　　　　　常用牌号的不锈钢管的化学成分对照（质量百分数）　　　　　%

统一数字代码	牌号	化学成分								
		C	Si	Mn	P	S	Ni	Cr	Mo	其他元素
S30408	06Cr19Ni10	0.08	1.00	2.00	0.045	0.03	8.00~11.00	18.0~20.00	—	—
S30403	022Cr19Ni10	0.03	1.00	2.00	0.045	0.03	8.00~12.00	18.0~20.00	—	—
S31608	06Cr17Ni12Mo2	0.08	1.00	2.00	0.045	0.03	10.00~14.00	16.00~18.00	2.00~3.00	—
S31603	022Cr17Ni12Mo2	0.03	1.00	2.00	0.045	0.03	10.00~14.00	16.00~18.00	2.00~3.00	—
S31708	06Cr19Ni13Mo3	0.08	1.00	2.00	0.045	0.03	11.00~15.00	18.00~20.00	3.00~4.00	—
S31703	022Cr19Ni13Mo3	0.03	1.00	2.00	0.045	0.03	11.00~15.00	18.00~20.00	3.00~4.00	—
S32168	06Cr18Ni11Ti	0.08	1.00	2.00	0.045	0.03	9.00~12.00	17.00~19.00	3.00~4.00	Ti5C~0.70

表 2-15　　　　常用牌号钛管的化学成分及杂质含量对照（质量百分数）　　　　%

牌号	主要成分	杂质含量不大于						
	Ti	Fe	C	N	H	O	其他元素	
							单一	总和
TA1	余量	0.20	0.08	0.03	0.015	0.18	0.10	0.40
TA2	余量	0.30	0.08	0.03	0.015	0.25	0.10	0.40

2.2.2　腐蚀控制指标

根据 GB 50050—2007《工业循环冷却水处理设计规范》中对循环冷却水系统中金属的腐蚀速率进行了规定：碳钢设备传热面水侧腐蚀的腐蚀速度宜小于 0.075mm/年；铜、铜合金和不锈钢设备传热面水侧的腐蚀速度宜小于 0.005mm/年。火力发电厂凝汽器金属材质的腐蚀速率控制指标见表 2-16。

表 2-16　　　　　　火力发电厂凝汽器金属材质的腐蚀速率控制指标

金属材质	平均腐蚀速率（mm/年）
碳钢及铸铁	≤0.075
黄铜（H68A，HSn70-1，HSn70-1B，HSn77-2 等）	≤0.005
白铜（BFe10-1-1，BFe30-1-1）	≤0.005
不锈钢（1Cr18Ni9Ti，304/L，316/L，317/L 等）	≤0.005
钛	≤0.005

循环水中引起凝汽器管金属腐蚀的最主要的因素是含盐量和氯离子浓度。根据 DL/T 712—2010，火力发电厂凝汽器管不同材质的水质要求如表 2-17 所示。

表 2-17　　　　　　常用不同材质凝汽器管适用水质的选用原则

管　材	溶解固形物（mg/L）	Cl⁻（mg/L）
H68A	<300，短期<500	<50，短期<100

管　　材	溶解固形物（mg/L）	Cl⁻（mg/L）
HSn70-1	<1000，短期<2500	<150，短期<400
HSn70-1B	<3500，短期<4500	<400，短期<800
HSn70-1AB	<4500，短期<5000	<2000
BFe10-1-1	<5000，短期<8000	<600，短期<1000
HA177-2	<35 000，短期<40 000	<20 000，短期<25 000
BFe30-1-1	<35 000，短期<40 000	<20 000，短期<25 000
Ti	不限	不限
TP304、TP304L	<5000	<200
TP316、TP316L	<35 000	<1000
TP317、TP317L	<35 000	<5000

2.2.3　腐蚀控制方法

目前，常用的控制火力发电厂敞开式循环冷却水中金属腐蚀的方法主要有冷却水碱性处理法、缓蚀剂法、涂覆防腐涂料法和阴极保护法四种。

1. 冷却水碱性处理法

冷却水碱性处理法，即是将循环冷却水的运行 pH 值控制在大于 7.0 的冷却水处理，从而降低金属的腐蚀速率。

2. 缓蚀剂法

缓蚀剂的选择取决于冷却系统的金属材料和水的组成及环境状态，如应力状态、流速、pH 值、溶氧量、溶盐量、悬浮物等，这些因素会决定缓蚀剂的效能。

冷却水系统常用的缓蚀剂主要有聚磷酸盐、有机磷酸、巯基苯并噻唑（MBT）、苯并三唑（BTA）和甲基苯并三唑（TTA）、硫酸亚铁等。其中，聚磷酸盐如六偏磷酸钠和三聚磷酸钠主要用作抑制碳钢、低合金钢和不锈钢等金属腐蚀的缓蚀剂而被广泛应用。而硫酸亚铁是发电厂铜管凝汽器冷却水系统中广泛采用的一种缓蚀剂，可以使铜合金形成保护膜。

3. 防腐涂料涂覆法

防腐层的防腐蚀原理主要是防止环境中的各种腐蚀性介质渗透到金属表面，做到腐蚀介质与金属表面隔离，从而防止金属的腐蚀。在冷却水系统中，防腐涂料涂覆法主要用于保护碳钢换热器管束、管板和水室等与冷却水接触的部位。

4. 阴极保护法

在循环水系统中，采用的阴极保护方法有牺牲阳极法和外加电流法。对于牺牲阳极，在海水中使用的一般为锌阳极和铝阳极，其国标的化学成分和电化学性能见表 2-18～表 2-21。在淡水环境中，多采用镁阳极，其国标的化学成分和电化学性能见表 2-22、表 2-23。

表 2-18 锌牺牲阳极化学成分 %

| 化学元素 | Al | Cd | 杂质元素 | | | | Zn |
			Fe	Cu	Pb	Si	
含量	0.3～0.6	0.05～0.12	≤0.005	≤0.005	≤0.006	≤0.125	余量

表 2-19 锌牺牲阳极电化学性能

电化学性能	开路电位 （V）	工作电位 （V）	实际电容量 （A·h/kg）	消耗率 [kg/（A·a）]	电流效率 （%）	溶解性能
海水中（1mA/cm²）	−1.09～ −1.05	−1.05～ −1.00	≥780	≤11.23	≥95	表面溶解均匀，腐蚀产物容易脱落
土壤中（0.03mA/cm²）	≤−1.05	≤−1.03	≥530	≤17.25	≥65	

注 1. 参比电极——饱和甘汞电极。

2. 介质——海水介质采用人造海水或天然海水；土壤介质采用潮湿土壤，且阳极周围添加填充料。

表 2-20 铝牺牲阳极化学成分 %

| 种类 | 化学成分 | | | | | | | 杂质，不大于 | | | Al |
	Zn	In	Cd	Sn	Mg	Si	Ti	Si	Fe	Cu	
铝—锌—铟—镉 A11	2.5～ 4.5	0.018～ 0.050	0.02～ 0.05	—	—	—	—	0.10	0.15	0.01	余量
铝—锌—铟—锡 A12	2.2～ 5.2	0.020～ 0.045	—	0.018～ 0.035	—	—	—	0.10	0.15	0.01	余量
铝—锌—铟—硅 A13	5.5～ 7.0	0.025～ 0.035	—	—	—	0.10～ 0.15	—	0.10	0.15	0.01	余量
铝—锌—铟—锡—镁 A14	2.5～ 4.0	0.020～ 0.050	—	—	0.50～ 1.00	—	—	0.10	0.15	0.01	余量
铝—锌—铟—镁—钛 A21	4.0～ 7.0	0.020～ 0.050	—	—	0.50～ 1.50	—	0.01～ 0.08	0.10	0.15	0.01	余量

表 2-21 铝牺牲阳极电化学性能

项目	阳极材料	开路电位 （V）	工作电位 （V）	实际电容量 （A·h/kg）	消耗率 [kg/（A·a）]	电流效率 （%）	溶解性能
电化学性能	1型	−1.18～−1.10	−1.12～−1.05	≥2400	≤3.65	≥85	产物易脱落，表面溶解均匀
	2型	−1.18～−1.10	−1.12～−1.05	≥2600	≤3.37	≥90	

注 1. 参比电极——饱和甘汞电极。

2. 介质——海水介质采用人造海水或天然海水。

3. 阳极材料——A11、A12、A13、A14 为 1 型，A21 为 2 型。

表2-22 镁阳极化学成分 %

牌号	化学成分										
	合金元素				杂质元素，不大于					其他元素	
	Mg	Al	Zn	Mn	Fe	Cu	Ni	Si	Ca	单个	总计
MGAZ63B	余量	5.3～6.7	2.5～3.5	0.15～0.60	0.003	0.01	0.001	0.08	—	—	0.30
MGAZ31B	余量	2.5～3.5	0.60～1.4	0.20～1.0	0.003	0.01	0.001	0.08	0.04	0.05	0.30
MGM1C	余量	≤0.01	—	0.50～1.3	0.01	0.01	0.001	0.05	—	0.05	0.30

表2-23 镁牺牲阳极电化学性能

牌号	开路电位（V）	闭路电位（V）	实际电容量（A·h/kg）	电流效率（%）
MGAZ63B	1.57～1.67	1.52～1.57	≥1210	≥55
MGAZ31B	1.57～1.67	1.47～1.57	≥1210	≥55
MGM1C	1.77～1.82	1.64～1.69	≥1100	≥50

对于外加电流保护系统来说，保护电流密度与最小保护电位的确定至关重要。表2-24和2-25分别给出了凝汽器阴极保护所需的保护电流密度与最小保护电位。

表2-24 各种冷凝器材料所需的阴极保护电流密度

冷凝器			设计电流密度（A/cm²）	冷却水含盐量（mg/L）
水室	管板	管子		
碳钢	铝青铜	90-10Cu-Ni	0.54	1000
铸铁	40-60Zn-Cu	不锈钢	1.08	35 000
环氧涂覆的碳钢	环氧涂覆的碳钢	钛	0.75	35 000
碳钢	40-60Zn-Cu	铝黄铜	0.65	1000
碳钢	40-60Zn-Cu	90-10Cu-Ni	0.65	1000
碳钢	40-60Zn-Cu	铝黄铜	2.15	30 000

表2-25 几种金属和合金的阴极保护电位

金属（合金）		参比电极		
		Cu/CuSO$_4$	Ag/AgCl	Zn
铁和钢	含氧环境	−0.85	−0.80	+0.25
	缺氧环境	−0.95	−0.90	+0.15
铜合金		−0.5～−0.65	−0.45～−0.65	+0.6～+0.45
铝及铝合金		−0.95～−1.20	−0.90～−1.20	+0.15～−0.10
铅		−0.60	−0.55	+0.50

根据不同位置，各种牺牲阳极和外加电流的辅助阳极有不同的安装方法，如图 2-14~图 2-17 所示。

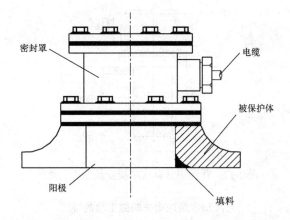

图 2-14　水泵及管道用嵌镶式阳极安装结构示意图

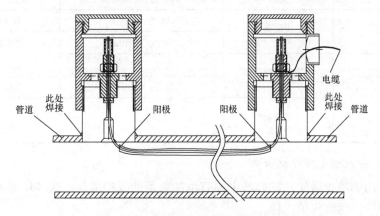

图 2-15　管道用线性阳极安装结构示意图

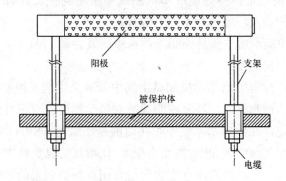

图 2-16　凝汽器水室用支架式阳极安装结构

2.2.4　微生物腐蚀控制方法

1. 火力发电厂循环冷却水中与腐蚀相关的微生物的特性

在冷却水系统中微生物的存在对金属材料造成严重的腐蚀，与腐蚀有关的微生物的特性见表 2-26。

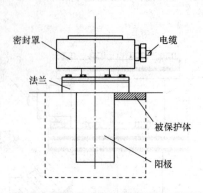

图 2-17　管道用悬臂式阳极安装结构示意图

表 2-26　　　　　　　　　　　　与冷却水腐蚀相关的微生物的特性

名称	类型	活动的 pH 值范围	温度范围（℃）
硫酸盐还原菌	厌氧菌	最佳：6～7.5	最佳：25～30
		限度：5～9.0	最高：55～65
硫氧化菌	嗜氧菌	最佳：2.0～4.0	最佳：28～30
		限度：0.5～6.0	限度：18～37
铁细菌	嗜氧菌	最佳：7～9	最佳：24
			限度：5～40

2. 循环冷却水微生物控制方法

目前，采用的防止微生物的办法主要有添加杀菌剂或抑菌剂；改善环境条件，控制水质；覆盖防护层；阴极保护四种。

添加杀菌剂或抑菌剂是目前控制冷却水系统中微生物生长最有效和最常用的方法之一。可以根据微生物种类及环境进行不同的选择。

改善环境条件，控制水质主要是控制冷却水中的氧含量、pH 值、悬浮物和微生物的养料等因素，来抑制微生物的生长。

覆盖防护层是指在涂料中添加能抑制微生物生长的杀生剂来控制微生物生长。如聚乙烯涂层、镀锌、镀铬、衬水泥、涂环氧树脂漆等对微生物腐蚀有很好的防护作用。

阴极保护规范规定，在冷却水系统中存在硫酸盐还原菌（SRB）时，碳钢的阴极保护电位一般应为 $-950mV$（vs.Cu/CuSO$_4$ 参比电极），比通常情况负移 100mV。采用牺牲阳极保护（铝阳极、锌阳极）时，则应注意生物附着对阴极保护效果的影响。

2.2.5　发电机内冷水的腐蚀控制方法

1. 国家和行业标准

现代大型发电机均采用水直接冷却。发电机内冷却水所接触的金属一般只有铜和不锈钢。对于不锈钢材料来说，该水质是耐腐蚀的。对于铜材料来说，耐腐蚀性能要差很多。

其中存在发电机空芯铜导线的腐蚀问题，直接影响发电机出力，最终可能导致发电机绕组损坏，影响发电机的安全、经济运行。

分析发电机内冷水系统事故原因发现，冷却水水质不合格是造成铜导线腐蚀的主要原因。腐蚀产物氧化铜在磁场作用下易于沉积，沉积物堵塞水流。因沉积使发电机严重烧损事故均发生在定子水回路堵塞的机组上。因此，保持内冷水水质稳定，使内冷水铜导线的腐蚀尽可能低，防止腐蚀产物聚集发生沉积现象，堵塞水流是内冷水处理所面临的主要问题。

由于发电机内冷水是在高压电场中做冷却介质。因此，对其品质要求是传热快、不腐蚀、不结垢、绝缘性好。国内外都对内冷水水质做了严格规定。随着机组容量和参数的提高，水质控制标准越来越严格。发电机内冷水的水质指标目前采用的国家和行业最新标准见表 2-27。

表 2-27 发电机内冷水的水质指标目前采用的国家和行业的最新标准

标准号	标准名称	电导率（μS/cm，25℃）	铜（μg/L）	pH 值（25℃）	溶解氧（μg/L）	硬度（μmol/L）	氨（mg/L）	备注
GB/T 12145—2008	火力发电机组及蒸汽动力设备水汽质量	≤5	≤40	7.0～9.0		≤2		
DL/T 889—2004	电力基本建设热力设备化学监督导则	≤2.0	≤200	>6.8	≈0			（1）全密闭式内冷却水系统。（2）铜含量目标值≤40μg/L，pH 值（25℃）目标值为 7.0～8.5
DL/T 1039—2007	发电机内冷水处理导则	≤2.0	≤40	7.0～9.0				
DL/T 801—2010	大型发电机内冷却水质及系统技术要求	0.4～2.0	≤20	8.0～9.0				氧：仅对 pH 值小于8 时进行控制
		0.4～2.0	≤20	7.0～9.0	≤30			
DL/T 561—2013	火力发电厂水汽化学监督导则	0.4～2.0	≤20	8.0～9.0				水-氢-氢（定子空芯铜导线）
		0.4～2.0	≤20	7.0～9.0	<30			
		<5.0	≤40	7.0～9.0				双水内冷（定子、转子空芯铜导线）
		<1.2		6.5～7.5				水-氢-氢（定子空芯不锈钢导线）

2. 处理方式

目前，我国发电厂采用的内冷水处理方式主要有：①中性处理（包括换除盐水溢流、小混床旁路处理、保持系统密闭处理等）；②碱化处理（包括直接加氢氧化钠处理、钠型小混床旁路处理以及直接加氨、补（换）凝结水或凝结水与除盐水的混合水溢流等）；③加缓蚀剂处理等。

（1）中性处理。

1）换除盐水溢流。有的电厂当内冷水水质不合格时采用换除盐水和溢流的方式来使其满足要求。这种处理方式简单易行。不需设备投资和维护，是一种消极的处理方式。冷却水系统中铜的腐蚀是一个不断进行的过程。换水后从测定的数据看铜可能合格，但实际上只是将铜的腐蚀产物在连续稀释，铜的腐蚀反而加剧，而且 pH 值也较难合格。

2）小混床旁路处理。小混床旁路处理是在小混床中填充 H/OH 型树脂，运行中让部分内冷水（一般不超过内冷水流量的 10%）通过小混床以除去水中的杂质，再与其他未经过小混床的水混合。由于小混床能除去水中的杂质，因此小混床旁路处理对降低内冷水电导率有利，但出水偏酸性，pH 值难合格，不能抑制铜的腐蚀。

3）保持系统密闭处理。由于空芯铜导线在内冷水中的腐蚀由氧引起、二氧化碳促进，因此保持系统密闭，降低内冷水中氧和二氧化碳含量，同时要求补水中氧和二氧化碳含量也小，以减小铜的腐蚀。为保持系统密闭，有的将内冷水系统充惰性气体，如氮气维持正压；有的在内冷水箱排气孔上安装除二氧化碳呼吸器；有的将溢流管改成倒 U 形管水封。如果内冷水补水为除盐水，还要保持补水系统包括除盐水箱密封，以减少补水带进的氧和二氧化碳量，或者补高混（精处理系统）出水。

如某 300MW 水—氢—氢冷却机组。内冷水水箱容积为 $2m^3$，连续取样监测内冷水电导率、pH 值，取样流量为 500～700mL/min，每天需补水 0.72t，高速混床出水不含 NH_4^+、电导率小于或等于 0.2μS/cm、pH 值 7.03～7.10，溶解氧浓度很低，只有 20～30μg/L，作为内冷水补水，运行效果很好：电导率小于或等于 0.2μS/cm、pH 值为 7.00～7.11，铜浓度为 9.85～16.4μg/L。由于除盐水、高混出水为中性，内冷水系统也不可能完全保持密闭，因而很难维持内冷水 pH 值大于 6.8，因此，保持系统密闭处理总是与碱化处理、小混床旁路处理等联合运用。

（2）碱化处理。由 $Cu-H_2O$ 体系的电位-pH 值图可知，当 pH 值较高（处于 7～10）时，紫铜处于免蚀区或钝化区。因此，可采用提高内冷水 pH 值的方式来防止铜导线腐蚀。具体 pH 值调节方式有直接加氢氧化钠、直接加氨、钠型小混床旁路处理以及补（换）凝结水或凝结水与除盐水的混合水溢流等。

1）直接加氢氧化钠处理。向内冷水中加入一定量的某种碱性物质，调节内冷水 pH 值为 7～9。对于这种处理方式，内冷水 pH 值容易合格（符合表 2-27 所列的发电机内冷水水质标准），而铜含量是否合格，取决于内冷水的 pH 控制值和系统的严密性。系统的严密性包括系统与大气的通气状况和系统水的损失情况（如人工取样和流过在线仪表损耗的水）及补充水水源与大气的通气状况。系统 pH 值控制得低，电导率易于合格，但铜含量难于合格；系统 pH 值控制得高，有利于铜含量控制合格，但电导率易于偏高。

内冷水系统的密封性好，则内冷水 pH 值和电导率不易受外界环境（主要是空气和补充水中二氧化碳和氧）的影响，铜的腐蚀也好控制。如果内冷水系统的密封性不好，则空气中的二氧化碳和氧会不断溶入内冷水，补充水中二氧化碳和氧也会不断进入内冷水。内冷水中二氧化碳的存在，一方面使内冷水的 pH 值降低，为维持相同 pH 值势必使加入的碱性物质增多（增多的部分用来中和二氧化碳），另一方面由于加入的碱性物质增多，内冷水的电导率会增大。pH 值为 7.0～8.894 时纯水完全由氢氧化钠引起的理论电导率为 0.056～

2.0μS/cm，因此，调内冷水 pH 值为 7.0～9.0 时，要控制电导率小于或等于 2.0μS/cm，系统密封性必须好。

氧在内冷水中对铜的腐蚀有双重作用，一方面氧是使铜在水中发生电化学腐蚀的腐蚀性物质，腐蚀性与其含量有关，含量过高或过低，氧在水中对铜的腐蚀作用都很小；另一方面铜在含氧量很高的水中处于钝化状态，即生成的铜的氧化物对铜有一定的保护作用。内冷水系统的密封性不好时，其中的氧含量一般都会引起铜的腐蚀。因此内冷水系统的密封性不好，内冷水的电导率和铜含量都不易控制合格。

用于调节内冷水 pH 值的碱化剂，用得较多的是氢氧化钠和氨。采用氢氧化钠必须监督内冷水的钠含量，以防内冷水的钠含量过高、析出固体盐类；采用氨必须监督内冷水的氨含量，以防内冷水的氨含量过高，引起铜的氨蚀。采用氢氧化钠作为碱化剂，氢氧化钠有的由内冷水箱顶部加入内冷水，有的加在内冷水旁路处理小混床出口处。采用氨作为碱化剂，可以直接加氨水，也可补加含氨凝结水。氢氧化钠碱化特性好，易于配制和使用。氢氧化钠纯度越高，调到相同 pH 值的实际氢氧化钠用量与理论所需氢氧化钠量的差值越小，因而引入内冷水的杂质越少，对内冷水电导率的影响也越小，因此，选加优级纯氢氧化钠。实际上碱化处理常与保持系统密闭、部分内冷水经过小混床旁路处理等联合运用。如果系统密封性不好，碱化处理的内冷水 pH 值会因空气中二氧化碳的影响而下降，为维持 pH 值需加入的氢氧化钠增多，导致内冷水电导率升高，采用部分内冷水经过小混床旁路处理可以将电导率降低。为防止空气中二氧化碳的溶入，可将内冷水箱用氮气密封、内冷水补水采用凝结水（含氧量、二氧化碳含量低）或高混出水、在氢氧化钠溶液箱上安装除二氧化碳呼吸器等。

有人认为对密闭内冷水系统加氢氧化钠将内冷水 pH 值提高到 8～9，系统对空气的侵入不敏感。在 pH 值为 8.5～9 时，含氧量对铜的腐蚀速率的影响也相对较小，二氧化碳对 pH 值的影响也较小，原因是加入的微量氢氧化钠使得整个系统具有较大的缓冲作用。但如果系统不密封，要控制电导率（25℃）不大于 2.0μS/cm 几乎不可能，因此，系统要密闭。加氢氧化钠处理只有与保持系统密闭、部分内冷水经过小混床旁路处理联合运用才能达到控制要求。实际运行结果是，在系统密闭和小混床旁路处理情况下，内冷水 pH 值（25℃）控制为 7.0～9.0，电导率（25℃）不大于 2.0μS/cm，铜含量不大于 40μg/L，钠含量小于 250μg/L。运行时严密控制内冷水 pH 值和电导率，防止铜离子和钠离子积累，必要时进行换水。由于直接加入强电解质，所以加入氢氧化钠对运行指标的控制和设备可靠性的要求均较高，一旦某个环节出问题，将引起内冷水电导率急剧上升，直接威胁机组安全运行。

2）钠型小混床旁路处理。钠型小混床旁路处理是将部分内冷水通过钠型小混床，其中的少量 Cu^{2+} 和 Fe^{3+} 等阳离子不断转化为 Na^+，其他阴离子不断被转化为 OH^-，与未通过钠型小混床的内冷水混合，这样就等于向内冷水中投加了氢氧化钠，而且投加的是接近 100% 纯度的氢氧化钠。只要内冷水中存在微量的铁、铜等杂质离子，就能将内冷水 pH 值升高到微碱性（pH＝7～9），从而起到减缓铜腐蚀的作用。同样，由于 pH 值为 7.0～8.894 时纯水完全由氢氧化钠引起的理论电导率为 0.0560～2.0μS/cm，所以采用钠型小混床旁路处理调内冷水 pH 值为 7.0～9.0，要控制电导率≤2.0μS/cm，也必须系统密封性要好。

钠型小混床旁路处理包括普通钠型小混床、氢型-钠型小混床和超净化处理装置。普通钠型小混床中填充的是普通 Na/OH 型树脂，混合树脂的交换容量较小，运行周期短。采用普通钠型小混床可将密封式水箱内冷水系统 pH 值提高到 8.5～9.0，控制电导率为 1.5～2.0μS/cm，铜含量小于 5μg/L，钠离子浓度为 70～250μg/L。如某水—氢—氢冷 330MW 机组（除盐水为补充水）采用钠型小混床（阴、阳树脂比为 2.7:1）处理，可控制内冷水电导率小于或等于 0.5μS/cm，硬度约等于 0μg/L，pH 值为 7～8，铜含量小于或等于 10μg/L，当小混床出水电导率大于或等于 0.3μS/cm 时树脂失效，体外再生。

氢型-钠型双套小混床并联运行是根据内冷水的在线 pH 值和电导率变化控制 2 台混床进、出口门的开度，从而稳定内冷水 pH 值在一定范围（7.0～9.0）。树脂失效周期较短，一般为数月。更换树脂及运行中调节操作较频繁。

如某厂 4 台水—氢—氢冷 300MW 机组（补充水是电导率为 0.1μS/cm 的除盐水）采用氢型-钠型双套小混床并联运行，可控制电导率小于或等于 2.0μS/cm、pH＝（8.5±0.5）、铜含量小于或等于 5μg/L。

超净化处理装置采用独特结构的双层床离子交换器，内装有高交换容量的特种树脂对内冷水进行旁路处理，并对内冷水箱安装二氧化碳呼吸器。树脂的使用周期延长到 1～2 年，内冷水的 pH 值达 7.0 以上，实际上是经改造的钠型小混床旁路处理与保持系统密闭处理的联合运用。超净化处理装置安装在线仪表监测交换器出水和内冷水，超净化处理装置出水电导率为 0.06～0.1μS/cm、pH 值为 7.0～7.9，系统 pH 值能稳定在 7～8、电导率低且稳定（为 0.1～0.3μS/cm），实际内冷水电导率为 0.1～0.5μS/cm，可实现闭式循环系统及防止补水对循环内冷水产生的冲击性污染问题，实现长周期稳定运行及免维护等功能，节约补水 95%以上。

3）直接加氨、补（换）凝结水或凝结水与除盐水的混合水。由于凝结水中含有一定量的氨，所以向内冷水补加凝结水相当于向内冷水中加氨提高 pH 值达到防腐的目的。凝结水 pH 值为 8.0～9.0，电导率约为 2.0μS/cm，与空气接触时，由于二氧化碳的溶入，会导致 pH 值下降、电导率上升。因此，向内冷水系统补加凝结水，要求系统密封性好；否则，随着溶解气体的增多，电导率容易超过要控制的 2.0μS/cm。且凝结水的电导率受给水加氨调整的影响大，内冷水对凝汽器泄漏而造成的水质恶化没有补救措施。凝结水水质一旦恶化，就得立即采用其他方式来处理。有的电厂采用向补除盐水或高混出水的内冷水中直接加氨来调节内冷水的 pH 值，但发电机入口和出口处内冷水的温度不同，氨的分配系数受温度的影响较大，因此，氨的加入量较难控制，且操作频繁（2～3 天 1 次）。向内冷水中直接加氨调节其 pH 值的很少，主要采用补凝结水或凝结水与除盐水的混合水、换凝结水或凝结水与除盐水的混合水。

补凝结水或凝结水与除盐水的混合水，对于定子独立冷却密闭系统，可控制 pH 值为 7.0～9.0，电导率不超过 2.0μS/cm，铜含量不超过 40μg/L。如某 300MW 水—氢—氢冷却机组，按一定比例补除盐水和凝结水的混合水，对在线仪表加装回送管路，手工取样门取样后关闭，可控制内冷水电导率小于 1.5μS/cm，pH＞7.0，铜含量小于或等于 40μg/L。某 200MW 定子水内冷机组，将内冷水箱孔洞密封，关闭排气阀，溢流管改为倒 U 形管，并保持满水状态（倒 U 形管有水封）使之与空气隔绝，必要时让适当流量（5%）系统水通过小混床旁路处理，以降低含氨量和电导率。用凝结水和除盐水适当配比（0.25～0.33），调整内冷水的 pH 值为 7～8，含氨量低于 0.3mg/L，可控制电导率不大于 1.5μS/cm（在线电导率表监测）。

对于密闭性不好的定子独立冷却系统补凝结水或凝结水与除盐水的混合水，可控制 pH 值为 7.0～9.0，铜含量不超过 40μg/L，但控制电导率不超过 2.0μS/cm 困难，控制电导率小于 5μS/cm 有可能。某 300MW 水—氢—氢冷却机组补二级凝结水泵出水（pH 值为 9.4～9.6）与高混出水（pH 值为 6.8～7.2）的混合水，可控制内冷水 pH 值为 8.0～9.0，电导率小于 3.0μS/cm；铜含量不大于 20μg/L。某 500MW 水—氢—氢冷却超临界直流机组，内冷水补凝结水（pH 值为 8.6～8.8），二氧化碳的不断溶入使系统 pH 值一般维持在 8.2 以上，铜含量降低很多，电导率偏高，一般为 1.5～3.0μS/cm。

对定子冷却水系统进行氮气密封，定子冷却水系统 pH 值稳定在 8.0 以上，铜含量大幅度降低，基本可以达到 10μg/L 以下，电导率也非常稳定，一般在 1.0μS/cm 以下。某 800MW 水—氢—氢冷却机组选择补凝结水和除盐水加氨作为提高内冷水 pH 值的手段，水源为一级凝结水泵后的凝结水（pH 值为 8～9）和除盐水（pH 值为 6.7～6.8），运行时通过补水或部分换水调节内冷水 pH 值为 7.5～8.5，必要时投离子交换柱。实际控制过程中以正常补水为主要调节方式，以投加氨水、换水，投离子交换柱为辅助手段，换水很少。可控制 pH>6.8，电导率小于 5μS/cm，铜含量小于 40μg/L。因此，对于定子独立冷却系统，要控制内冷水水质符合国家和行业的最新标准，系统的密闭性必须好。

对于双水内冷机组，补凝结水的同时保持系统密封、加缓蚀剂处理，可控制 pH 值为 7.0～8.0，铜含量不大于 40μg/L，电导率小于 5.0μS/cm。某 125MW 双水内冷机组内冷水源为凝结水，内冷水 pH 值（6.9 以下）比凝结水的低，氨含量两者差不多。电导率、铜含量比凝结水的大，原因是内冷水箱密封不严，含氨的凝结水更易吸收二氧化碳所致。于是密封内冷水箱，再加苯骈三氮唑（BTA），可控制内冷水 pH 值为 6.74～7.58，铜含量为 8.6～42.3μg/L，电导率为 1.16～4.86μS/cm，换水间隔可达 1 周以上。

采用补凝结水溢流，若系统严密，则可能控制内冷水水质符合国家和行业的最新标准；反之，则难。某厂双水内冷 125MW 汽轮发电机机组，内冷水箱容积为 4m³。补水为凝结水（pH>8.8），一直溢流，内冷水 pH>7，含铜量高，原因是发电机转子回水盒处密封不严，漏入空气；另一厂国产双水内冷机组基本上采用敞口式水箱，以含氨凝结水（pH 值为 9 左右）作为补水，保持一定量溢流，控制 pH>7，电导率小于 10μS/cm，铜含量小于 20μg/L。某厂 300MW 机组定子采用独立冷却密闭循环系统，机组正常运行后用二级凝结水泵出水（pH 值为 8.5）小流量溢流，关内冷水箱排气门，可控制电导率为 0.5～1.0μS/cm，pH 值为 7.8～8.5，铜含量为 5～15.6μg/L。

采用连续补入凝结水（pH 值高，含氧量小）或除盐水和凝结水按一定比例的混合水并连续排水或回收的方式处理内冷水要注意：如果连续排水，每天将损失约 10t 以上的除盐水，年损失约 3000t 以上，浪费大；如果回收至凝汽器中，空芯铜导线的腐蚀产物则被带入锅炉给水系统中，可能造成热力系统结铜垢；而且电导率波动大；如给水加氨量不严格，波动大，造成电导率不易控制，具体实施时可操作性差。

不论是直接加氨还是补凝结水或凝结水与除盐水的混合水及换凝结水或凝结水与除盐水的混合水溢流，都不能忽视温度对氨在水中溢出的影响。某厂用凝结水作50MW机组发电机的冷却水，3天内铜含量由10μg/L升至20μg/L以上，pH值难以维持，主要原因是冷却水箱通大气，水温在45℃以上，氨易溢出。改用凝结水（pH值为8.9～9.0、含氨0.7～0.8mg/L）连续补入水箱并溢流，冷却水的pH值很难达到8.9～9.0，最高只能达8.5，当冷却水箱pH值稳定后，停止补凝结水，pH值下降很快，平均每小时下降近0.3，6h后低于7；氨下降也明显。即使对冷却水箱密封、溢流管进行水封，效果也不是很好。说明温度高（45℃以上），氨的分配系数大，氨溢出了。

（3）加缓蚀剂处理。该方法是向内冷水中添加一定量的铜缓蚀剂，在空芯铜导线内表面形成保护膜，避免介质与铜直接接触，防止铜导线腐蚀。在内冷水中添加铜缓蚀剂处理的较多，如某电力公司调查的54个电厂中，26个单位定期加缓蚀剂。

电厂比较常用的缓蚀剂是二巯基苯骈噻唑（MBT）和苯骈三氮唑（BTA），还有用它们为主要组分的复合缓蚀剂。这些物质都是水难溶物质，加入内冷水中不能提高内冷水的pH值，而电导率有可能升高。对于定子独立冷却循环系统，与保持系统密闭或碱化处理联合应用，可控制内冷水pH>6.8，电导率小于5μS/cm，铜含量小于40μg/L。对于双水内冷或密闭性不好的定子独立冷却循环系统只能控制pH>6.8，电导率小于10μS/cm，铜含量小于40μg/L或100μg/L，甚至不合格。而且有些缓蚀剂的加入浓度偏大，有沉积的可能，加之目前缓蚀剂浓度不能在线监测，不能满足缓蚀剂浓度及时监测的需要，因而其应用受到了一定的限制。在机组检修后或投运前先用缓蚀剂对空芯铜导线内表面进行预膜，然后在运行中再维持低浓度缓蚀剂进行补膜，处理效果更好，再辅以保持系统密闭或碱化处理，可控制pH>7，电导率小于2μS/cm，铜含量小于40μg/L。

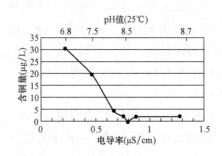

图2-18　电导率、pH值对发电机内冷却水的含铜量的影响

3．处理原则

（1）为了防止铜线棒的腐蚀，最主要的控制指标是控制pH值。当内冷水的pH值达到8.5时，腐蚀速率最低如图2-18所示。

（2）溶解氧的控制由pH值而定。当pH>8.0时可不控制溶解氧，如图2-19所示。当pH<8.0时不主张高氧（人为的加氧、加空气）运行。

（3）在pH<9.0的情况下，使用氢氧化钠和氨调节pH值没有显著的区别。

（4）内冷水的含铜量不得高于20μg/L，否则铜的腐蚀产物会发生不同程度的沉积。

（5）补充水中不得含有硬度成分。

4．铜的防腐蚀措施

分析水内冷发电机空芯铜导线的腐蚀原因，提出了相应的防腐蚀方法。即通过加强内冷水系统密封控制内冷水中溶解氧和二氧化碳含量，在除盐水中加氨或采用部分凝结水控制内冷水pH值为7.5～8.0，或在内冷水旁路采用钠型混床调节内冷水为碱性，在内冷水中

添加低剂量高效铜缓蚀剂和控制其他材质腐蚀产物的沉积等。

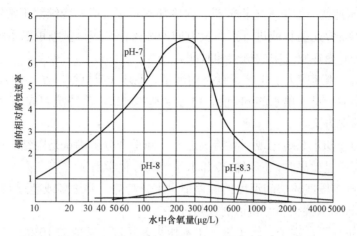

图 2-19　铜的腐蚀速率与水的 pH 值及水中溶解氧含量的关系

（1）用碱化剂调节内冷水的 pH 值，内冷水的 pH 值和电导率很难同时达到合格，而且在 pH 值低于 8.5 时，并且铜离子含量均较高，不能有效地减缓铜导线的腐蚀。

（2）钠型树脂出水极易受空气中二氧化碳影响，导致 pH 值降低。因此，采用钠型混床旁路处理发电机内冷水时，应保证内冷水系统的严密性，否则将不能达到预期效果。

5. 发电机内冷水系统清洗方案

对于发电机内冷水系统来说，在发生冷却水流量下降、温差上升时总是优先采用物理清洗。在物理清洗无效时可采用化学清洗。

（1）物理清洗方案。

1）运行中的监测数据出现下列情况之一，应作相应处理。

a. 相同流量下，内冷水进出发电机水压差的变化比档案基础数据大于 10%时，应进行检查和反冲洗处理，并作综合分析。

b. 定子线棒出水温度高于 80℃时，应进行检查、综合分析和反冲洗；超过 90℃时，应立即进行停机处理。

c. 定子线棒单路出水水接头间温差达 8K 时，应及时进行停机反冲洗。反冲洗无效或出水水接头间温差达 12K 时，应立即进行停机处理。

d. 定子槽部的中段、线棒层间各检温计测量值间的温差达 8K 时，应作综合分析或作反冲洗处理观察。

e. 如因内冷却水系统阻力增大，需提高水压保持内冷却水的足够流量时，其运行水压不得超过规定压力，同时水压始终不得高于发电机的氢压。如系统水压高出正常水压的30%，应及时进行处理。

2）水冲洗。

a. 开机前水冲洗。开机运行前应使用除盐水作运行流向的水冲洗，直至排水清澈，电导率指标达要求。

b. 停机冲洗。发电机停机反冲洗及其周期应按照制造厂的说明书执行。在累计运行时间达两个月以上，有停机机会时，应对定子、转子内冷却水回路进行反冲洗。

c．停运的水冲洗。如果发电机停机，内冷却水系统一般仍应继续正常运行；如果内冷却水系统也因需要停止运行或进行正、反方向冲洗操作，应尽量缩短水系统的停运时间，尽量减少水系统暴露在空气中的机会和时间。

冲洗的流量、流速应大于正常运行下的流量、流速（或执行厂家规定），冲洗直到排水清澈、无可见杂质，进、出水的 pH 值、电导率基本一致，为冲洗完成，可终止冲洗。

（2）化学清洗方案。

发电机的内冷却水系统出现下列情况之一，经综合分析确认是因结垢所致，并经过反冲洗等措施后无明显效果时，应对内冷却水系统进行化学清洗。

a．定子槽部中段线棒层间温度的温差值呈上升趋势，并达到或超过 8K。

b．定子线棒出水接头间温差达到或超过 8K。

c．在相同条件下，定子、转子进、出水压力差超过正常值的 10%。

d．在相同条件下，内冷却水流量明显下降。

e．内冷却水箱的内壁及监视窗上有明显可见的黑褐色粉末附着物。

f．定子绕组温度呈上升趋势，并达 90℃。

g．出水温度呈上升趋势并达 80℃。

（3）清洗资质要求。

a．经综合分析确认必须进行化学清洗，应选择有电力系统 A 级化学清洗资质的清洗队伍。

b．化学清洗前应进行小型试验，确认清洗指标满足要求后方可进行正式系统清洗。清洗的腐蚀速率不得超过 $1g/(m^2 \cdot h)$，腐蚀总量不超过 $10g/m^2$。

c．清洗验收标准。清洗后系统的各项数据均恢复到系统的基础数据的 95% 以上时为清洗合格，98% 以上为良，99% 以上为优。

2.2.6　海水冷却塔的防腐蚀措施

1. 海水冷却塔概况

（1）普通海水冷却塔概况。由于淡水资源的紧缺，滨海电厂一般采用海水作为冷却水，且普遍是海水直流冷却方式，海水直流冷却具有取水温度低、冷却效果好、不需要其他冷却水构筑物、运行管理简单等优点，但取水量大，大量的排水对环境造成污染。$1m^3$ 直流排水有 $10^6 \sim 10^8 J$ 热量，热污染非常严重。在沿海城市淡水资源日益短缺和环保要求越来越高的今天，与海水直流冷却和淡水循环冷却技术相比，海水循环冷却技术在投资、环保、技术和经济等方面更具优势。

所谓海水循环冷却，是以海水为冷却介质，经换热设备一次冷却后，再经冷却塔冷却，并循环使用的冷却水处理技术。海水冷却塔是海水循环冷却水系统必不可少的关键设备，冷却塔的形式很多，根据空气进入塔内的情况分自然通风和机械通风两大类。自然通风最常见的是风筒式冷却塔，而机械通风又分为抽风式和鼓风式两种。根据空气流动方向机械通风型又可分为横流式和逆流式。作为 1000MW 机组配套的特大型海水冷却塔多采用自然通风逆流式双曲线冷却塔，如图 2-20 所示，其主体结构材料为钢筋混凝土。

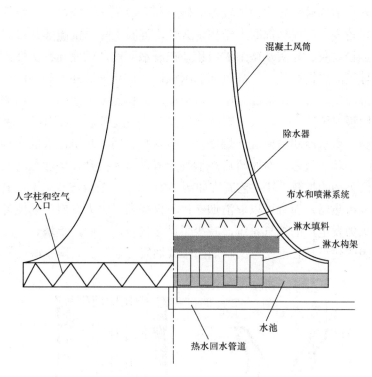

图 2-20　自然通风逆流式双曲线冷却塔结构示意图

　　与淡水冷却塔相比，海水冷却塔的技术关键是耐海水腐蚀、有效地防止盐沉积和盐雾飞溅，以及良好的热力性能。海水含盐量高，腐蚀性远高于淡水，设计时需充分考虑塔体结构材料、紧固件、布水器、喷头、风机等的耐海水腐蚀性能；同时，由于海水的强腐蚀性，考虑对周围环境的影响，海水塔的盐雾飞溅（飘水率）要求远低于淡水。另外，浓缩海水的物理特性对热传导的影响也不同于淡水，浓缩海水的蒸汽压、比热、密度等因素导致海水的冷却能力低于淡水。这些因素在海水冷却塔设计时都必须加以考虑。

　　海水循环冷却技术在国外始于 20 世纪 70 年代，在电力及化工行业有较多的应用。建于 1973 年的美国第一座海水循环冷却装置——大西洋城电力公司 Beesley'sPoint 电站 14 423m³/h 海水循环冷却系统，采用哈蒙公司设计制造的自然通风海水冷却塔，运行至今，效果良好。

　　目前，全世界运行中的海水冷却塔有数十座，在美国就有多个电厂采用海水。我国在海水循环冷却技术研究及应用方面起步较晚，国家海洋局天津海水淡化与综合利用研究所自"九五"开始承担国家海水循环利用课题，取得了一系列研究成果，并于"十五"期间主持完成了天津碱厂 2500m³/h 机械通风海水冷却塔示范工程和深圳福华德电厂 2×14 000m³/h 海水冷却示范工程，对我国海水循环冷却技术在沿海地区的推广应用起到了示范作用。从福华德电厂 2×14 000m³/h 海水冷却塔的运行和调研情况来看，目前的研究多集中在水处理工艺方面，对冷却塔结构材料和防腐蚀研究则较少。

腐蚀问题是影响海水冷却塔寿命的重要因素，为保证钢筋混凝土结构海水冷却塔的结构耐久性，国外在结构材料方面做了较多的研究和应用工作，取得了大量的研究及应用成果，但相关资料较少。为提高混凝土结构耐久性，混凝土采用抗硫酸盐水泥或普通硅酸盐水泥，通过添加粉煤灰、硅灰及微细矿渣粉，控制水灰比，以提高密实性；通过添加钢筋阻锈剂、使用环氧涂层钢筋等，提高钢筋的耐蚀性；提高钢筋外混凝土保护层厚度，表面采用防腐、防渗涂层，进一步提高致密性，防止碳化和氯离子渗透；对接触海水区域混凝土中钢筋采用阴极保护等。近年来，则从结构安全性角度考虑，提出了健康监测系统。

（2）烟塔合一海水冷却塔概况。烟塔合一技术是利用冷却塔巨大的热湿空气对脱硫后的净烟气形成一个环状气幕，对脱硫后净烟气形成包裹和抬升，增加烟羽的抬升高度，从而促进烟气中污染物的扩散，其工艺流程如图 2-21 所示。采用该技术不但省略了湿法烟气脱硫系统的烟气再热器，而且可以取消烟囱；不仅提高了火力发电厂的能源利用效率，而且大大简化了火力发电厂的烟气系统，减少了设备投资，因此，烟塔合一技术的推广应用对我国火电机组的建设具有重要意义。烟囱排放烟气与烟塔合一排放烟气的对比如图 2-22 所示。

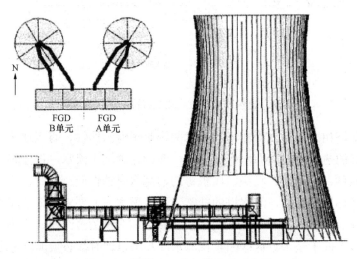

图 2-21　烟塔合一冷却塔流程示意图

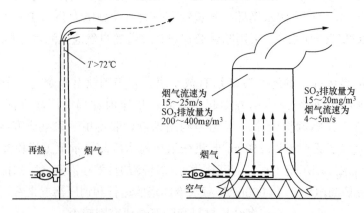

图 2-22　烟塔合一排放与烟囱排放的对比

烟塔合一技术首先是从德国发展起来的，目前最大的单机容量已达到 978MW。1977年德国研究技术部和 SaarbergwergwerkeAG 公司联合设计了 Volklingen 电厂，该厂的烟塔合一机组于 1982 年 8 月开始运行，1985 年完成一系列测评。自此烟塔合一技术在德国新建厂广泛采用，并对一批老机组也进行了改造。目前，德国采用烟塔合一技术运行的电厂有 20 多座，装机总容量超过 12 000MW，并且结合工程实际制定了烟塔合一相关技术标准和评价准则。

烟塔合一技术在国内的许多电厂也开始被广泛采用。辽宁大唐国际锦州热电厂、河北三河电厂、天津国电东北郊热电项目等新建机组均采用烟塔合一技术进行脱硫后实现低温烟气的排放。华能北京热电厂引进国外技术，对一期四台 830t/h 超高压塔式直流炉进行脱硫技术改造，每一台炉配一座吸收塔，同时新建一座 120m 高的自然通风冷却塔进行烟气排放。截止到 2006 年年底，4 台机组脱硫系统和烟塔合一工程全部投入运行，华能北京热电厂成为我国首个可取消烟囱的火力发电厂，该项工程是亚洲首个烟塔合一工程。其中，三河电厂是第一个采用国产化烟塔合一技术的机组。

目前，烟塔合一技术在淡水冷却塔得到了很好的应用。如果将烟塔合一技术应用于沿海发电工程中，以海水为循环冷却补充水的海水冷却塔则称为烟塔合一海水冷却塔。海水冷却塔和烟塔合一海水冷却塔在我国的起步与环境保护是分不开的，两者在基本形式上和普通的冷却塔没有区别，但是塔内流动气流的性质发生了变化，将对冷却塔通风筒壳体的混凝土产生不利的影响。截至目前，我国烟塔合一海水冷却塔结构的设计、施工、运行尚处于起步阶段，技术研究、设计经验、工程实践均较少，仍无规范可遵循。

2. 海水冷却塔防腐蚀涂料的选用

影响钢筋混凝土结构防腐蚀寿命的因素有很多，但是主要因素是附着力和耐蚀性。冷却塔的防腐设计寿命为 20 年。

对防腐蚀涂层来说，基层处理是关键口。对于新塔，主要危害是混凝土凝固过程中产生的碱—Ca(OH)$_2$。对于老塔来说，主要的危害是原防腐层及渗入混凝土的介质处理程度不足。对于老塔，防腐施工前不仅要除去已腐蚀疏松的表层，根本问题是要除尽已经渗入混凝土表层的介质。

在冷却塔内，高温区温度也只有 30~80℃，大部分涂料都可以耐受这个温度，这种情况下的循环水对涂层不会造成很大的腐蚀。目前，常用的防腐蚀涂料在这个温度下都能长期使用，循环水也不会对防腐层造成明显的损害。

冷却塔内主要的问题是抗渗性，这个问题解决不好，冷却水就会渗到防腐层背面的混凝土里，导致混凝土膨胀，把防腐涂层拱起脱皮而剥落。早期使用的涂层很薄，附着力不强，抗渗性差，如氯磺化聚乙烯等，使用寿命较短。

环氧煤沥青也曾经是冷却塔选用的涂料品种，附着力强，漆膜坚韧，耐潮湿耐水性强。但是传统的环氧煤沥青涂料一次成膜达不到要求，需要多次施工，黑色外观不利于施工质量的控制，也不利于日后的维护，并且沥青为致癌物，因此国外已经逐渐停止使用环氧煤沥青涂料。纯环氧或改性环氧玻璃鳞片涂料是目前冷却塔，特别是海水冷却塔的重要防腐蚀涂料。

除了混凝土表面的涂层外，冷却塔也涉及金属构件的防腐问题。钢铁构件在海水环境中主要是阴极去极化控制的过程，浓缩海水中碳钢的腐蚀速率会由于盐度的升高而增大。不锈钢在海水中的腐蚀与碳钢不同，主要是点蚀、缝隙腐蚀以及应力腐蚀破裂等，在浓缩海水中更为突出，可以选用超级奥氏体不锈钢和双相不锈钢。如有可能，金属构件可以采用玻璃钢等替代品。对于混凝土金属预埋件裸露面也须进行防腐处理。

通常混凝土结构要求养护 28d 后才能进行涂装作业，有些特殊的产品可以在脱模板后立即进行涂装，而不会影响附着力及其防腐性能。此类涂层的表面处理要求可以不进行喷砂、打磨等处理，与通常的涂层施工不同，在最后一次混凝土表面抹面后可以立即涂覆，在垂直面上，拆除模板可以立即施涂（模板应在混凝土灌注 3d 内拆除）。如果表面看起来干燥没有水分，在表面喷水达润湿状态、不挂水珠，然后涂覆。湿表面有助于封闭底漆渗透入表面。

在烟塔合一工程中，排烟冷却塔内壁经受的化学元素基数增多，塔内上 1/3 处的温度约为 50℃，尤其是经受烟道内的气体时，即使通过烟气脱硫系统的处理，还是有部分 SO_2、SO_3 以及 NO_2 气体的存在。这些有害气体遇水能产生稀酸，而稀酸的存在对冷却塔内壁的腐蚀危害很大，能使塔壁的水泥酸化成粉状而剥落，久而久之危及塔的深层中的钢结构，产生锈蚀，导致冷却塔使用寿命的缩短。冷却塔上口的壶腹部常年经受冻融的考验，因此，烟塔合一之后的烟道进入冷却塔内壁上 1/3 处的防腐蚀尤为重要，选用的涂料，其底层必须与塔壁材质有良好的匹配性和附着力，中间涂层应具有良好的抗渗性，面层必须具有耐蚀、耐水、耐冻融、耐紫外线、耐老化的优异性能。

根据腐蚀环境的不同，排烟冷却塔主要分为内表面喉部以上、喉部以下包括竖井、水槽、淋水架构、人字柱及水池和风筒外表面等几个部分进行防腐蚀涂装保护，防护涂料体系见表 2-28。海水冷却塔最主要的是针对海水对钢筋混凝土的腐蚀进行防腐涂层设计。海水冷却塔的防护涂料体系见表 2-29。

表 2-28 排烟冷却塔的防护涂料体系

部位	涂料系统	干膜厚度（μm）	备注
喉部以上	无溶剂环氧封闭漆	100	耐酸、耐阳光照射、表面光滑有助于烟气升腾
	无溶剂酚醛环氧涂料	2×150	
	氟碳面漆	60	
	乙烯基酯封闭漆	100	
	乙烯基酯玻璃鳞片	400	
喉部以下，包括竖井、水槽、淋水架构	无溶剂环氧封闭漆	100	耐酸、耐碱、耐水渗透、耐冲刷、耐冲击、耐磨、耐冻融、耐水处理添加剂的侵蚀
	无溶剂酚醛环氧涂料	2×200	
	乙烯基酯封闭漆	100	
	乙烯基酯玻璃鳞片	400	
人字柱及水池	环氧封闭漆	50	耐水渗透、耐冲刷、耐浸泡、耐水处理添加剂的侵蚀
	改性环氧涂料	2×150	
	脂肪族聚氨酯面漆	50	

续表

部位	涂料系统	干膜厚度（μm）	备 注
风筒外表面	环氧封团漆	50	耐酸雨、耐碳化、耐紫外线照射、耐老化、具有良好的装饰性
	丙烯酸面漆	2×50	

表 2-29 　　　　　　　　　　　　**海水冷却塔的防护涂料体系**

部位	涂料系统	干膜厚度（μm）	备 注
混凝土表干区	环氧封闭漆	50	耐海水、耐紫外线、耐老化，表面光滑有助于烟气升腾
	环氧玻璃鳞片漆	300	
	脂肪族聚氨酯面漆	100	
混凝土表湿区	环氧封闭漆	50	耐海水、耐热、耐水渗透、耐冲刷、耐冲击、耐磨、耐水处理中添加剂的侵蚀
	环氧玻璃鳞片漆	2×250	
混凝土外表面区	环氧封闭漆	50	耐酸雨、耐碳化、耐紫外线照射、耐老化、具有良好的装饰性
	丙烯酸面漆	2×50	

2.3 烟气脱硫和脱硝系统

SO_2、NO_x 的大量排放导致全球性大气污染和酸雨日趋严重，其对环境生态的破坏、对人类健康的影响和对金属和金属制品的腐蚀早已引起世界各国的关注和重视。由建立两控区，实施总量控制、浓度控制，到排放收费，超标罚款，再到实施强制性脱硫，其执法力度越来越大。控制 SO_2 的排放已成为火力发电厂不可忽视、不可回避的问题，国家环保总局于 20 世纪 90 年代中后期，对燃煤电厂锅炉的 NO_x 排放作了限制。

烟气脱硫、脱硝装置的经济效益主要取决于其寿命、运行的安全性、便于维修及适用性。这些因素中的任何一项都说明了腐蚀与防护问题在其中起着十分重要的作用。

2.3.1 技术现状

1. 脱硫技术现状

目前，我国已有诸多脱硫工艺技术，如石灰石—石膏法、烟气循环流化床法、脱硫除尘一体化、海水脱硫法、旋转喷雾干燥法、活性炭吸附法等。其中，石灰石—石膏法是当前的主流烟气脱硫工艺技术，烟气循环流化床法则是新兴起的工艺技术。

（1）石灰石—石膏法脱硫。据统计，我国投运、在建和拟建的燃煤电厂烟气脱硫项目中，石灰石—石膏法烟气脱硫技术所占比高达 90% 以上。通过几年来的实践，我国脱硫企业走过引进吸收阶段，迈进了自主创新开发阶段，石灰石—石膏法脱硫技术就是典型的代表。此工艺中，从换热器、吸收器（包括强制氧化系统）直到烟囱入口，都存在严重的设备腐蚀问题。其中，腐蚀最严重的是吸收器。吸收器内部的腐蚀主要为麻点腐蚀。除吸收塔外，其他的装置也有不同程度的腐蚀。

石灰石—石膏法脱硫技术主要采用石灰石浆液作为二氧化硫吸收剂，石膏（$CaSO_4 \cdot 2H_2O$）是主要的脱硫副产品。整个脱硫过程效率高；石灰石浆液吸收剂价格便宜且容易获取；脱硫副产品石膏（$CaSO_4 \cdot 2H_2O$）成分稳定且不会造成二次污染，而且可以进行深加工成石膏建材等。

（2）烟气循环流化床法。该技术采用消石灰粉为脱硫剂，与脱硫塔内烟气中的酸性气体、循环灰在工艺水中发生反应，从而达到除 SO_2 和 SO_3 气体的目的。整个系统运行过程中，排烟无需加热，无需采取防腐措施，而且设置洁净烟气再循环系统，还可以保证塔内烟气流量的稳定性，使脱硫塔在低负荷运行时保持最佳工作状态。

与此同时，国内环保公司对此引进技术进行开发，以锅炉烟道作为反应器，将上述反应的混合物先行在反应器外的混合槽内按一定比例混合，再喷入烟道内进行脱硫，这种半干法脱硫技术工艺流程简单、占地面积小，但脱硫效率可达到90%以上。

（3）海水脱硫。烟气海水脱硫工艺是利用天然海水的碱度实现脱除烟气中二氧化硫的一种脱硫方法。在脱硫吸收塔内，大量海水喷淋洗涤进入吸收塔内的燃煤烟气，烟气中 SO_2 被海水吸收生成亚硫酸（SO_3^{2-} 和氢离子 H^+ 形式）。从而使烟气中的 SO_2 和粉煤灰被洗涤脱除，净化后的烟气经除雾器除雾、经烟气换热器加热后排放。

由于雨水将陆地上岩层的碱性物质（碳酸盐）带到海中，天然海水通常呈碱性，pH 值一般大于 7，其主要成分是氯化物、硫酸盐和一部分可溶性碳酸盐，自然碱度为 $1.2 \sim 2.5mmol/L$，这使得海水具有天然的酸、碱缓冲能力及吸收 SO_2 的能力。海水脱硫的一个基本理论依据就是自然界的硫大部分存在于海洋中，硫酸盐是海水的主要成分之一，环境中的二氧化硫绝大部分最终以硫酸盐的形式排入大海。

烟气中 SO_2 与海水接触发生的主要反应为

$$SO_2（气态）+H_2O \rightarrow H_2SO_3 \rightarrow H^+ + HSO_3^-$$
$$HSO_3^- \rightarrow H^+ + SO_3^{2-}$$
$$SO_3^{2-} + 1/2O_2 \rightarrow SO_4^{2-}$$

上述反应为吸收和氧化过程，海水吸收烟气中气态的 SO_2 生成 H_2SO_3，HSO_3^- 不稳定将继续分解成 H^+ 与 SO_3^{2-}。SO_3^{2-} 与水中的溶解氧结合可氧化成 SO_4^{2-}，但是水中的溶解氧非常少，一般为 $7 \sim 8mg/L$，远远不能将由于吸收 SO_2 产生的 SO_3^{2-} 氧化成 SO_4^{2-}。

吸收 SO_2 后的海水中 H^+ 浓度增加，使得海水酸性增强，pH 值一般为 3 左右，呈强酸性，需要新鲜的碱性海水与之中和提高 pH 值，脱硫后海水中的 H^+ 与新鲜海水中的碳酸盐发生的反应为

$$HCO_3^- + H^+ \rightarrow H_2CO_3 \rightarrow CO_2 \uparrow + H_2O$$

在进行上述中和反应的同时，要在海水中鼓入大量空气进行曝气，其作用主要如下：
（1）将 SO_3^{2-} 氧化成为 SO_4^{2-}。
（2）利用其机械力将中和反应中产生的大量 CO_2 赶出水面。
（3）提高脱硫海水的溶解氧，达标排放。

从上述反应中可以看出，海水脱硫除海水和空气外不添加任何化学脱硫剂，海水经恢复后主要增加了 SO_4^{2-}，但海水盐分的主要成分是氯化钠和硫酸盐，天然海水中硫酸盐含

量一般为 2700mg/L，脱硫增加的硫酸盐为 70～80mg/L，属于天然海水的正常波动范围。硫酸盐不仅是海水的天然成分，还是海洋生物不可缺少的成分，因此海水脱硫不破坏海水的天然组分，也没有副产品需要处理。

从自然界元素循环的角度来分析海水脱硫，硫元素循环路径如图 2-23 所示。可见，海水脱硫工艺实质上截断工业排放的硫进入大气造成污染和破坏的渠道，同时将硫以硫酸盐的形式排入大海，使硫经过循环后又回到了它的原始形态。

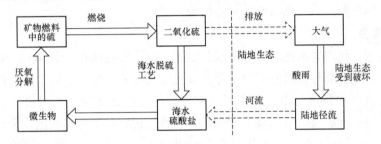

图 2-23　硫的循环路径

海水脱硫工艺适用于靠海边、海水置换条件较好、用海水作为冷却水、燃用低硫煤的电厂。烟气海水脱硫工艺在国外的开发和应用已有近 30 年的历史，此种工艺最大问题是烟气脱硫后可能产生的重金属沉积和对海洋环境的影响，因此，在环境质量比较敏感和环保要求较高的区域需慎重考虑。

通过吸收塔将除尘、降温后的 SO_2 烟气用海水洗涤，以完成脱硫后再升温排放。吸收 SO_2 的海水排入一个大的曝气池，再补入 20 倍的海水并曝气，恢复达标后排入大海。此工艺的腐蚀范围广，从换热器、吸收器到曝气池，都会出现严重的海水腐蚀。

2. 脱硝技术现状

脱硝技术主要有干法和湿法两大类。干法包括催化还原法、吸附法、光催化氧化法等；湿法包括直接吸收法、络合物吸收法、氧化吸收法等。但到目前为止，除了选择性催化还原法和非选择性催化还原技术外，其他脱硝技术尚在研究阶段。

（1）选择性催化还原法（SCR）。SCR 是在固体催化剂的作用下，利用还原剂（如 H_2、CO、烃类、NH_3）与 NO_x 反应并生成无毒、无污染的氮气和水的方法。该技术在运行过程中，反应温度低；对锅炉烟气氮氧化物净化率可达 85%以上；易于操作。目前，它已成为世界上应用最多、最成熟且最有成效的主导烟气脱硝技术。

20 世纪 90 年代，福建后石电厂率先引进该技术，并在本厂 600MW 火电机组上建成投运。2006 年 1 月 20 日，国华太仓发电有限公司采用具有自主知识产权的 SCR 核心技术建成 7 号机组 600MW 机组，运行的氮氧化物去除率可达 80%以上。

（2）非选择性催化还原技术（SNCR）。SNCR 是把含有 NH_x 基的还原剂喷入炉膛温度为 800～1100℃的区域，使还原剂迅速热分解成 NH_3，并与烟气中 NO_x 的进行反应生成 N_2 和的 H_2O 的方法。

该法工艺简单，无催化剂系统，SNCR 对氮氧化物的去除率为 25%～40%，在国内外 NO_x 原始浓度低和排放要求不高的场合有一定的工程应用。

2.3.2 腐蚀机理分析

烟气脱硫系统的腐蚀原因非常复杂，在吸收塔中相遇的介质是烟气和吸收剂，其中吸收剂本身的腐蚀性不强，而烟气的冷凝物的腐蚀是很强的。其中包括硫酸、亚硫酸、盐酸、氮氧化物的水合物等。另外，煤中所含的氯化物和氟化物使问题变得更为严重。高温也会加剧腐蚀，固体颗粒和沉积物还会带来磨蚀和加剧腐蚀。在这些因素的共同作用下，会发生化学腐蚀、局部腐蚀、结晶腐蚀和磨损腐蚀。

1. 化学腐蚀

化学腐蚀是一种均匀腐蚀，发生原因是烟道气中的腐蚀性介质如 SO_x、NO_x、Cl^-、F^- 等在一定温度、湿度下与金属材料发生化学反应生成可溶性盐，使设备逐渐被破坏。

此外，还有氯的腐蚀，由于氯离子具有很强的可被金属吸附的能力，从化学吸附的选择性考虑，对于 Fe、Ni 等过渡金属来说，氯离子比氧离子更易吸附在金属表面上，从金属表面把氧排挤掉，甚至可以取代已被吸附的 O^{2-} 或 OH^-，从而使金属的钝态遭到局部破坏而发生孔蚀，这一点在海水脱硫系统中表现最为明显。虽然氟化物的含量很少，但其对腐蚀影响很大。在脱硫系统中，某些腐蚀环境恶劣、温度较高的地方化学腐蚀是极为严重的。

2. 局部腐蚀

由于脱硫脱硝系统中各种工程结构部件是以铆、焊、螺钉等连接，在连接区可能出现缝隙。这些缝隙在化学介质中，易形成闭塞电池腐蚀，由于缝隙内缺氧、富 H^+ 及富 Cl^- 而引起金属溶解即腐蚀。

金属表面不可能完全均匀一致，夹杂物、晶界、位错的存在之处构成表面的缺陷，易受脱硫脱硝系统中存在的 Cl^-、F^-、SO_3^{2-} 等离子的侵蚀而发生点蚀，Fe^{3+}、Cu^{2+} 的存在可加速点蚀。对不锈钢而言，Cl^- 的侵蚀和 Fe^{3+} 的加速作用尤为显著，而 SO_4^{2-} 和 NO_3^- 则可抑制 Cl^- 的作用。

巨大的脱硫脱硝系统中，裂纹和蚀孔的存在是难免的，在裂纹和蚀孔的尖端区 pH 值和氧含量低，成为小面积的阳极；裂纹和蚀孔外氧供应充分，可形成钝态、构成大面积的阴极。在这种大阴极—小阳极作用下，脱硫系统的腐蚀是严重的；如果在应力腐蚀裂缝的协同作用下，腐蚀更为严重。

另外，在某些特殊条件下，还可能发生晶间腐蚀和成分选择性腐蚀。

经验表明，点腐蚀和缝隙腐蚀是脱硫系统最常发生局部腐蚀。选择材料时，要考虑采用能够耐这些腐蚀的材料。

3. 结晶腐蚀

用碱性液体吸收 SO_2 后产生可溶性硫酸盐或亚硫酸盐（如 $CaSO_4$、$CaSO_3$），液相渗入表面防腐层的毛细孔内，当设备停用时，因为自然干燥，该溶液就会生成结晶型盐，同时体积膨胀，使防腐材料自身产生内应力，而使其脱皮、粉化、疏松或裂缝损坏。特别在干湿交替作用下，带结晶水的盐类体积可增加几倍或几十倍，腐蚀更加严重。因此，闲置的脱硫设备比正常使用的设备更易发生腐蚀。

4. 磨损腐蚀

烟气中含有大量的固体颗粒，如未经除尘或未被除净的粉尘和脱硫产物，在流体中含有大量的固体悬浮颗粒，这些物质与设备表面发生摩擦，不断地更新表面，加速磨蚀过程，造成严重的腐蚀，影响设备的正常运行。选择材料和防腐措施时，必须考虑耐磨要求。

2.3.3 烟道的防腐蚀措施

1. 选用耐腐蚀材料

（1）不锈钢。由于温度和 pH 值的影响，使烟气中含有较高的氯含量种类。根据烟气脱硫的腐蚀介质的特点，极大地限制了不锈钢的种类。过去一般选择耐化学腐蚀的不锈钢，如 316LN 或 317LN 不锈钢，即 0Cr17Ni14Mo3 和 0Cr18Ni12Mo3Ti。这是一类超低碳和低碳的奥氏体不锈钢，既能耐氧化性介质腐蚀，也能抗还原性介质腐蚀，同时由于 Mo 和 Ti 的加入，还增加了其抗孔蚀和抗晶间腐蚀的能力。因此，早期的烟气脱硫设备工程的烟道和脱硫塔中常采用这两种不锈钢；但是使用效果不理想，也伴有点蚀、缝隙腐蚀和冲刷腐蚀等现象，如今这类合金在腐蚀严重的部位已很少用了。

（2）碳钢和高合金钢复合钢板。高合金钢由于合金含量低于不锈钢，所以价格相对便宜，由它和碳钢组成的复合钢板与纯不锈钢相比，既具有优越的机械强度，又有一定的耐腐蚀性能。早期的烟气脱硫和脱硝系统常采用此种材料，但多年使用证明，其点蚀、缝隙腐蚀和冲刷腐蚀等也相当明显，故目前脱硫体系的重要部位已不再使用。

（3）钛合金。在烟气脱硫脱硝系统中，钛为良好的内衬材料，腐蚀速率小于1mm/年，在烟气脱硫脱硝系统的冷却器、除尘器、吸收塔、加热器 4 个位置上均有良好的耐蚀性，且在除尘塔中最为适用，在加热器中的耐蚀性能减弱且有孔蚀现象。

（4）镍基合金。镍基合金是以镍为主，与 Co、Mo、Fe、W、Cr 等形成的连续固溶体合金，其中以蒙耐尔合金和哈氏合金为代表。比较典型的有 Nicrofer5923hMo-59 合金（2.4605）、Microfer3127hMo-31 合金（1.4562）、Cronifer1925hMo-926 合金（1.4529）等。这些材料具有突出的耐腐蚀性能和良好的机械强度，具有良好的加工和焊接性能，无焊缝开裂问题，并具有良好的热稳定性能，使用效果也较为理想，国际上已有使用十多年未出现腐蚀的例子。但镍基合金造价昂贵，增加了烟气脱硫脱硝的投资，现在也不常采用。

2. 橡胶衬里

橡胶衬里技术已成为烟气脱硫系统防腐蚀的主要技术之一，其材料已纳入烟气脱硫的防腐设计规范。橡胶衬里是选用一定厚度的片状耐蚀橡胶，复合在基体的给定表面，经过特殊的工艺处理，形成连续完整的保护覆盖层，借以隔离腐蚀介质对基体的作用，达到防腐蚀的目的。它是腐蚀控制领域中的一项经济适用的传统防腐蚀技术。实践证明，橡胶衬里能够长期有效的适应烟气脱硫的腐蚀环境。

3. 玻璃鳞片树脂衬里

鳞片树脂是 20 世纪 50 年代由美国一家公司发明的一种重防腐涂料。所谓玻璃鳞片树脂是将一定片径（0.4～2.4mm）和一定厚度（6～40μm）的玻璃鳞片与树脂混合制成的胶泥或涂料，将其用涂抹或喷涂的方法涂敷于金属表面即成为防腐涂层。此项技术是 20 世纪 70 年代末 80 年代初在树脂涂层基础上发展起来的。玻璃鳞片树脂首先在日本、欧洲、美国得到了大量应用，我国则在 20 世纪 80 年代末期开发成功，并应用于烟气脱硫系统的许多部位。

该技术目前已成为烟气脱硫系统防腐的首选技术，经验证明，玻璃鳞片树脂使用性能良好，有的已安全使用 10 万 h 以上。因其具有优良的抗渗透性，结合良好的机械强度、高的耐蚀性能，同时耐高温性能也很好的优点，尤其是酚醛类乙烯醋树脂玻璃鳞片涂层，在 180℃、短时间 220℃ 仍具有良好的性能，我国现行引进的烟气脱硫装置中均采用此项技术。

在鳞片衬里中，由于实体鳞片的阻挡性，使介质只能沿着迷宫型的曲折途径渗透，这相当于加厚了衬层的厚度，但又避免了衬层太厚引起的副作用。而鳞片对应力的松弛作用，使应力的传导和加合成为不可能，加之鳞片对应力作用下引起的裂纹发展也起到了限制作用。因此，鳞片衬里确实较好地满足了烟气脱硫防腐衬里的理论要求，在实际使用中也确实起到了抑制衬层物理破坏的作用，使衬层寿命大大提高。

4. 玻璃钢衬里

玻璃钢衬里主要起屏蔽作用，将基体金属与腐蚀介质隔开。目前使用的玻璃钢因树脂不同而异，其使用的温度以及耐蚀、抗渗性能各有差异。在烟气脱硫中多采用吸收塔类、液体输送管道等温度相对较低的部位作衬里材料。因为玻璃钢在加工过程中易出现真空、起泡和微裂纹，所以对要求安全可靠、使用寿命长的电厂的烟气脱硫系统只能部分采用。但是，玻璃钢衬里具有施工工艺简单、成本较低、修复方便、衬里层材质及厚度可随介质条件合理调整等特点，仍不失为一种较好的方法。随着喷射工艺的发展，采用机械设备来取代手糊法的原料供给系统，同时将玻璃布改用短切无捻粗纱取代，在作业时，喷射机将催化剂（引发剂）、促进剂、树脂等通过不同管路，在喷枪内混合后，直接喷射到设备内衬表面，同时将连续无捻粗纱短切后一起喷出。经表面赶走气泡、平整、固化后即成完整的玻璃钢衬里。这种近代发展起来的衬里工艺，称为碎切短玻纤衬里。

2.3.4 烟囱的腐蚀与防护

1. 烟囱内壁的腐蚀

（1）钢烟囱。在燃煤或燃油锅炉的煤或重油中通常含有 2%～3% 的硫，经燃烧后烟气中就会有约 0.2% 的 SO_2，其中 1%～2%SO_2 受灰分和金属氧化物等的催化作用而生成三氧化硫（SO_3），它再与燃烧气体中所含的水分（5%～10%）或空气中所含的水分结合生成硫酸，在处于露点（当 SO_3 的含量为 30×10^{-6} 时露点为 130～150℃）以下的金属表面凝结并腐蚀金属，即所谓硫酸露点腐蚀。

凝结的硫酸浓度因产生凝结的金属表面温度不同而不同，按照泰勒的气相平衡关系而得出的硫酸露点浓度与温度的对应关系如图 2-24 所示。金属在不同浓度硫酸环境中腐蚀时，按此种对应关系进行浸泡实验，所得的碳钢的腐蚀行为特点如图 2-25 所

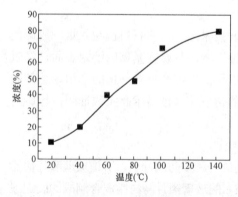

图 2-24 硫酸露点浓度与温度的对应关系

示，从图中可以看出，低温中浓度Ⅱ区及高温高浓度Ⅳ区是最为剧烈的腐蚀环境。实际使用环境下的硫酸露点腐蚀环境与设备的启停及运转有关，是一个气液相交替的变温和变浓度的复杂过程。针对设备的运转状况，可以将腐蚀分为三个阶段，各个阶段的特点如下。

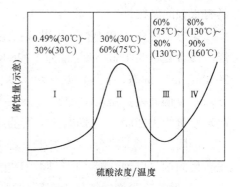

图 2-25　模拟硫酸露点腐蚀环境下碳钢的腐蚀行为特点

第Ⅰ阶段，锅炉开始运行或刚刚停止的情况下，温度不大于80℃，硫酸浓度低于60%，是处于活性状态下的腐蚀。其腐蚀速率最高，但是由于时间较短，其腐蚀影响基本可以忽略。

第Ⅱ阶段，处于正常运行状态，温度为80～160℃，硫酸浓度为85%左右，受高温高浓度硫酸的腐蚀，对于一般钢材而言仍处于活性腐蚀状态。

第Ⅲ阶段（稳定状态），温度与浓度等同于第Ⅱ阶段，但是含有大量具有催化效应的未完全燃烧的碳，生成大量的 Fe^{3+}，耐露点腐蚀的钢处于相应极化曲线的钝化区范围，使含有铬和铜的耐蚀钢出现第一次钝化，腐蚀速率很低，但是碳钢的腐蚀率仍然很高。耐硫酸露点腐蚀钢与普通钢的腐蚀行为的主要区别在第Ⅲ阶段，在该环境下金属发生钝化是耐硫酸露点腐蚀的根本原因。

与以煤炭为燃料的发电厂不同，燃油电厂采用联合循环发电的方式进行生产，利用燃油产生高温热气流推动燃气轮机发电，发电后的热气流过余热锅炉生成蒸汽，使蒸汽轮机再次发电。燃油电厂的主要燃料是重油，由于原油价格的原因，目前部分燃油电厂正向天然气过渡。重油的主要成分是烷烃、环烷烃、芳香烃，但是它还含有不少的杂质，如无机盐、硫化物、氮化物、水、氧和矾等，进入1500℃左右的燃烧室，会有少量有机物与无机物成为焦渣。重油经雾化后，在燃烧室内燃烧成为1500℃的高温气体，经集气室、烟道进入余热锅炉。高温烟气所经过的部位，金属的腐蚀特征表现为介质和金属间的界面内外同时产生各种不同的锈蚀产物。焦渣经过吹灰器振动后，大部分被排放到烟囱里面，除了小部分附着在烟囱内壁（温度降到200℃以下）外，大部分随着气流进入大气中，一些大颗粒的随即会飘落下来，造成对电厂周围地区的污染。烟气中含有的 SO_x、NO_x、HCl 等一起进入大气层会造成污染，形成酸雨。

燃油电厂中对于烟囱的硫酸露点腐蚀是比较严重的。燃烧产生的含有 SO_2 和 SO_3 的高温烟气，在烟囱的低温部分或停机后，随着温度下降，与空气中的水分结合成酸雾，当温度降到露点以下时发生冷凝，析出的 H_2SO_4 和 H_2SO_3 溶液产生硫酸露点腐蚀。由于重油烟气中含有催化剂钒盐，大量的 SO_2 被催化为 SO_3，所以烟气中的 SO_3 浓度要高于一般的烟气，这就大大加强了对金属设备的腐蚀。某燃油发电厂改燃烧轻油为燃烧重油，一年后测量烟囱厚度，发现壁厚减薄了2mm。烟囱顶部飘落的雨水与烟囱壁部焦渣吸附的 SO_2、SO_3 反应，直接生成强腐蚀性的 H_2SO_3 和 H_2SO_4，短时间内就造成了腐蚀穿孔。

湿法脱硫系统在吸收塔脱硫反应完成后，烟温降至45～55℃。净烟气中含饱和水蒸气，主要成分为水蒸气、二氧化硫、三氧化硫等酸性气体。在低温下，含饱和水蒸气的净烟气很容易产生冷凝酸，净烟道或烟囱中的凝结物的 pH 值在 1～2 之间，硫酸浓度可达 60%，具有很强的腐蚀性。

某电厂两台 330MW 等级燃煤机组，工程设计煤种为平朔 2 号动力煤，校核煤种为混煤，煤含硫量为 1%，烟气量为 1 126 800m³/h（标态、干基、60%O₂），脱硫前 SO₂ 含量为 2050mg/m³（标态、干基、60%O₂）。烟囱高度为 210m。采用湿法烟气脱硫，根据环评报告，可以不设烟气换热器（GGH），脱硫后烟气温度为 45～50℃。根据计算，通过烟囱排出冷凝水水量约为 20t/h，对烟囱排烟筒的腐蚀是很严重的。

国际工业烟囱协会（CICIND）在其发布的《钢烟囱标准规程》（1999 年第 1 版）中对脱硫后的烟气腐蚀性能（烟气腐蚀性能对其他类型烟囱同样适用）进行如下说明。

1）烟气冷凝物中氯化物或氟化物的存在将极大地提高腐蚀程度。

2）处于烟气脱硫系统下游的浓缩或饱和烟气条件通常被视为高腐蚀等级（化学荷载）。

3）确定含有硫磺氧化物的烟气腐蚀等级（化学荷载）以 SO₃ 的含量值为依据。

4）烟气中的氯离子遇水蒸气形成氯酸，其化合温度约为 60℃，低于氯酸露点温度时，就会产生严重的腐蚀，即使是反应中很少量的氯化物也会造成严重腐蚀。对一台 600MW 机组来说，烟气中水汽结露后形成的具腐蚀性水溶液理论计算量为 40～50t/h，它主要依附于烟囱内侧壁流下来至专设的排液口排到脱硫系统的废液池中。脱硫处理后的烟气一般还含有氟化氢和氯化物等强腐蚀性物质，是一种腐蚀强度高、渗透性强且较难防范的低温高湿稀酸型腐蚀状况。

吸收塔脱硫后对烟气进行再加热升温，可以避免强腐蚀。通常的方法是增设 GGH，即气—气加热器。通常在吸收塔脱硫后对烟气进行再热升温。用未脱硫的烟气（一般为 130～150℃）去加热已脱硫的烟气，一般加热到 80℃左右，然后排放。这样可以避免低温湿烟气对烟道和烟囱内壁的腐蚀，可以提高烟气抬升高度。

GGH 的功能为增强污染物的扩散、降低烟羽的可见度、避免烟囱降落液滴、避免吸收塔后续设备的腐蚀。

然而，在实际运行中，许多烟气再热后的温度仍然处在酸露点以下。我国最早应用湿法石灰石—石膏法的华能珞璜电厂在 2001 年烟气脱硫（FGD）系统停运，检查 FGD 后的尾部烟道时发现，一些边角位置的钢板被腐蚀得如薄纸，有些部位甚至腐蚀光了。

脱硫后的饱和湿烟气若直接排放除带来很严重的腐蚀外，还会带来环境上的问题。

湿烟气的温度比较低，抬升高度较小，会造成地面污染程度增高；凝结水可能造成烟囱下风向的降水，影响局部地区的气候。湿烟气的最大凝结水量发生在烟囱下风向 2m 左右，最大值为 1～10g/kg，取决于环境条件和排放条件；凝结水的影响范围一般限于烟囱下风向 100m 左右，只有当环境湿度接近于饱和状态时，影响范围才可能扩展到 200m 以上。由于湿烟气中水汽凝结成水的量不大，形成雾的几率也很小，一般不会对当地气候造成影响。

水蒸气的凝结使烟羽呈白色，即所谓的白烟问题。白烟的长度随环境温度、相对湿度及烟气温度等参数而变，可从数十米到数百米。白烟长度对环境的相对湿度相当敏感，环境湿度越大，白烟长度越长。在低温的冬天，若环境湿度较大，白烟长度可超过数百米甚至 1000m 以上。白烟长度会随环境温度的升高而缩短。为了尽可能避免出现白烟，就需要对湿烟气进行加热。若要求当环境温度高于 5℃时不能出现白烟，根据计算，45℃的饱和湿烟气需要加热到 68.8℃以上；50℃的饱和湿烟气需要加热到 86.2℃以上；而 55℃的饱和湿烟气则需要加热到 108.3℃以上。

如果利用湿烟囱排放烟气，就可以取消烟气再热系统，节省 2.2%的基本投资，降低 6%的 30 年均化成本。GGH 的投资将使石灰石湿法脱硫系统的总投资增加 5%～10%。就目前 FGD 工艺技术水平而言，加热烟气对于减少洗涤器下游侧的冷凝物是有效的，但对去除透过除雾器被夹带过来的液滴和汇集在烟道壁上的流体重新被烟气夹带形成的较大液滴作用不大。因此，加热器对于降低其下游侧设备腐蚀的作用有限。随着除雾器、烟道、湿烟囱设计的改进和结构材料的发展，从技术和经济的角度来说，省去 GGH 也是可行的。湿烟囱系统的设计特点包括倾斜出口烟道，从而有利于排水；在出口管道和烟囱内衬中安装集水装置，提供尺寸合理的密封排水系统等。

在远离大、中城市地区的湿法脱硫系统可以不设置 GGH，但是必须对烟囱等进行更好的防腐处理及设计，因为没有再热系统的 FGD 系统的出口烟道和烟囱肯定会造成湿腐蚀。

通常进行湿法脱硫处理且不设烟气加热系统 GGH 的烟气，水分含量高、湿度大、温度低、烟气处于全结露状态。对一台 600MW 机组来说，烟气中水汽结露后形成的具腐蚀性水液理论计算量为 40～50t/h，它主要依附于烟囱内侧壁流下来至专设的排液口，排到脱硫系统的废液池中。脱硫处理后的烟气一般还含有氟化氢和氯化物等强腐蚀性物质，是一种腐蚀强度高、渗透性强且较难防范的低温高湿稀酸型腐蚀状况。

（2）混凝土烟囱。现代大型工业及民用供暖烟囱多是以滑模工艺施工而成的钢筋混凝土结构，为了避免长期的酸性烟气的腐蚀，必须进行防腐蚀保护。传统的做法是对耐火耐酸砖等砖板进行防护，但是结构复杂，施工难度大，而且烟囱内衬和保温层的结构整体性相对较差，烟气很容易从这些砖砌体和保温块的缝隙渗透到筒壁内表面。20 世纪 70 年代以来，许多国家都开始研究并采用防腐蚀涂料衬里来进行烟囱的防护。

酸性气体和水泥石中 $Ca(OH)_2$ 作用后，会使混凝土的 pH 值降低，而这就使水泥石中的水化硅酸钙变得不稳定，而且 pH 值的降低就会影响到钢筋混凝土中钢盘钝化膜的稳定性。因此，混凝土处于烟气环境中，在化学热力学上是不稳定的，在超量的酸性介质作用下，钢筋混凝土就会受到腐蚀，逐层发酥粉化，使钢筋外露锈蚀，以致整个结构受到破坏。

我国在 20 世纪 70 年代以来建造的单管式钢筋混凝土烟囱，具有较好的抗风抗震性能，但是在耐久性方面存在很大问题。采用湿法脱硫后，无论是否安装 GGH，净烟气对烟囱和砖烟道具有很强的腐蚀性。对已投运的电厂烟囱的调查资料分析表明，筒壁普遍存在着裂缝和混凝土被烟气腐蚀的情况，主要表现为裂缝以竖向裂缝为主，水平裂缝较少，设计规范要求为 0.15～0.3mm，但是实际达到了 0.3～1.0mm，甚至个别高达 10mm；裂缝主要产生的部位是施工缝处，筒首和节段牛腿上下；烟囱内部钢筋被腐蚀，混凝土严重碳化，甚至某些烟囱筒壁有腐蚀物的渗出。对现有电厂的普通钢筋混凝土烟囱，如果进行烟气湿法脱硫改造，必须对老烟囱进行防腐处理。

为了满足环保的要求，烟气的流速已经提高到 30m/s 左右。过高的烟气会使烟囱内的烟气呈正压状态运行而发生渗透，这就会使烟气很容易通过内衬的缝隙渗透到隔热层，使得烟囱外筒壁的内表面受热温度急剧升高，筒壁温度应力增大。

潮湿的烟气环境中容易产生酸液，这会腐蚀烟囱的内衬甚至外筒壁，当烟囱长期处于酸腐蚀环境下运行时，就会导致烟囱裂缝的产生和腐蚀的加重。

湿法脱硫后的烟气，含水量高，温度低（45～80℃），易出现结露现象，烟气中的水汽结露后形成腐蚀性酸液，它主要是依附于烟囱内侧壁流到专设的排液口，排放到脱硫系统的废液池中。

脱硫后的烟气中还会含有氟化物和氯化物等强腐蚀性物质，形成腐蚀强度高、渗透性强的低温高湿稀酸型腐蚀。

湿法脱硫工艺对 SO_2 的脱除率很高，但是对 SO_3 的脱除率仅为 20%左右，因此，脱硫后的烟气中产生的低浓度酸液比高浓度酸液对烟囱的腐蚀性更强。在 40～80℃时，烟气很容易在烟囱内壁结雾形成腐蚀性很强的酸液，对烟囱结构的腐蚀性比其他温度时反而更强。

脱硫后的烟气由于温度一般在 45～50℃之间，湿度很大并且处于饱和状态，烟气很容易冷凝结露。常规的湿法烟气脱硫系统采用加设 GGH 来提高烟气温度到 80℃以上，以减缓烟气冷凝产生的腐蚀。但是在发电机组低负荷运行、机组开启和关停，以及其他不利工况时，GGH 有可能不能满足运行温度的要求，那么烟气湿度即引发腐蚀的因素依然存在。

烟气运行压力与烟气的温（湿）度和烟囱结构密切相关。烟气运行温度低，其上抽力小，流速低，容易产生烟气的聚集，并对烟筒内壁产生压力。锥形烟囱结构形式（如单筒式烟囱）中的烟气基本处于正压运行状态，当烟囱内部压力为正压时，烟气易对排烟筒壁产生渗透压力，腐蚀性烟气通过烟囱内部的裂缝向外扩散和逃逸，直接与烟囱材料接触，就会加速烟囱的腐蚀。烟囱入口处是否会出现正压，与烟囱结构、烟气流速、烟气的特性等有关。烟气的温度越低，密度越大，就越可能出现正压值。

2. 烟囱内衬防腐材料

目前，对于烟囱内筒的防腐蚀方案主要有砌筑耐酸砌体、内衬钛合金复合钢板、玻璃钢衬里、防腐蚀涂层衬里等。

（1）耐酸砌体。排烟筒的耐酸砌体主要选用耐酸砌块和耐酸胶泥砌筑方案，要求加强砌筑材料的选材和构造设计的可靠性，可以达到安全、经济运行的要求。

DL/T 901—2004《火力发电厂烟囱（烟道）内衬防腐材料》中规定了火力发电厂烟囱（烟道）内衬防腐材料的技术要求，包括耐酸胶结料、耐酸砖、耐酸混凝土砌块及整体浇筑料等。耐酸胶结料以硅酸钠或硅酸钾、耐酸粉料和耐酸细骨料、固化剂及外加剂按比例配制而成。耐酸砖可以分为烧成耐酸砖和非烧成耐酸砖；按其运行工况可以分为普通型和防水型耐酸砖。

普通型耐酸胶结料和普通型各类耐酸砖（砌块）或普通型各类耐酸浇筑料，可适用于砌筑或浇筑以电除尘方式运行的钢筋混凝土烟囱（烟道）的内衬。

普通型耐酸胶结料和普通型超轻质、轻质耐酸砖（砌块）或普通型超轻轻质、轻质耐酸浇筑料，宜用于砌筑或浇筑以电除尘方式运行的双管、多管或套筒型钢筋混凝土烟囱的内衬，并可用于软地基地区、地震地区及寒冷地区的同类烟囱。

密实型耐酸胶结料和体积吸水率不大于 5%的各类耐酸砖（砌块）或密实型耐酸浇筑料，可用于砌筑或浇筑以湿式除尘（脱硫）方式运行的钢筋混凝土烟囱（烟道）的内衬。

密实型耐酸胶结料和体积吸水率不大于 5%的（泡沫）超轻质、轻质、耐酸砖（砌块）或超轻质、轻质密实型耐酸浇筑料，宜用于砌筑或浇筑以湿式除尘（脱硫）方式运行的双管、多管或套筒型钢筋混凝土烟囱（烟道）的内衬。

早期火力发电厂烟囱一般都采用钢筋混凝土结构内衬耐酸砖。这种耐酸砖烟囱防腐材料虽然造价低，但由于砖砌体荷载大，因而大大增加了基础工程量，实际使用防腐效果也不是很好，烟囱使用寿命相对较短。国内许多电厂由于烟囱严重腐蚀而停运检修，造成电厂巨大的经济损失。某电厂油改煤工程中，对原有耐酸砖烟囱结构进行了详细的检查和鉴定。筒身内衬出现多处区域性酥松，无强度，一碰即散，并且局部有缺失现象；烟囱外壁裂缝较多，其中部分属贯穿性裂缝，一些裂缝周围的混凝土保护层脱落，筒身钢筋出现裸露，并且钢筋已受到一定程度的腐蚀。普通的单筒式耐酸砖防腐烟囱在运行一段时间之后，均有不同程度的腐蚀发生，筒壁内衬的破损、保温层的破坏以及大量裂缝的出现，使烟囱抵御烟气腐蚀的能力大幅度降低，腐蚀速度也在不断加快。在增加湿法脱硫装置后，传统烟囱内衬防腐材料不能抵御强腐蚀的弱点更加明显。

MC 烟囱涂料是由我国冶金工业部建筑研究总院研制的，最初主要是为江西铜基地建设中的贵溪冶炼厂烟囱内防腐而研制的。该涂料性能类似于美国 Stackfas 涂料，于 1981 年首次应用于贵溪冶炼厂烟囱工程。由于烟气含有 SO_2 等腐蚀性气体，温度、湿度大，对预干燥、干燥和环保三座钢筋混凝土内壁全部采用了 MC 防腐涂料，干膜厚度为 4.5～5.5mm，湿膜厚度控制为 7～8mm。MC 烟囱涂料为黑色糊状，具有优良的物理力学性能，能耐 5%HCl、5%HNO_2 和 5%～40%的 H_2SO_4，耐受温度为 20～180℃。贵溪冶炼厂于 1991 年 12 月停产大修时，进行了检查，应用效果良好。

（2）钛合金复合钢板。排烟筒选用钛（镍）合金复合钢板结构或普钢加涂防腐涂料是可行的，这种方案的烟囱结构较轻，便于安装，但初期投资较高。钢内筒由厚度为 10～16mm 的钛复合钢板卷成弧形后焊接而成。钢内筒外面沿高度每 6m 左右间隔设置一个刚性环（T 形钢或加劲角钢）。在检修平台和吊装平台处设有钢内筒稳定装置，以保证钢内筒的横向稳定性。

（3）玻璃钢衬里。对于烟囱钢内筒的内壁防腐蚀，有使用泡沫玻璃砖的，甚至有整体采用玻璃钢内筒防腐设计的。泡沫玻璃砖是由闭腔式多孔结构的发泡玻璃制成的，这种多孔结构不但能抗酸、耐碱，而且对气体和凝结水是不能渗透的，同时它具有密度小、强度高、导热系数小、不吸水、不透气、不燃烧、不变形等特点，并且可锯割、可黏接。其性能稳定、使用寿命长、综合成本低、工程效益高。

2.4 酸碱系统

在火力发电厂的生产过程中，水处理设备的腐蚀问题一直伴随在生产的全过程中。而在化学水处理设备的初步设计过程中，人们往往关注的是设备的工艺性能，忽视了设备的防腐措施。只有到设备出现严重腐蚀，影响到火力发电厂正常生产时，才考虑相应的应急措施。这种应急措施，往往存在着许多技术困难，常常只能起到暂时缓解的作用。要想改善这种状况，合理、有效、经济地对设备腐蚀进行控制，必须积极地应对火力发电厂化学水处理设施的腐蚀防护工作，防患于未然。

2.4.1 腐蚀的常见问题

火力发电厂化学水处理设备腐蚀的常见问题主要包括各类管道、沟道中块材和酸碱中和池的腐蚀防护问题、循环水加酸的系统腐蚀问题、其他腐蚀防护方面的问题。

（1）水处理各类管道的腐蚀问题。主要体现在生产过程中的日常防腐管理中未严格控制正常运行参数，如流速、温度、介质浓度等生产工艺指标，给设备防腐层带来严重隐患。管道防腐设计时注重了选材、工艺设计、强度设计、防腐方法，而对金属管道的腐蚀环境、温度、应力腐蚀破裂、缝腐蚀和耐腐蚀疲劳的性能考虑不周详。

（2）沟道中块材和酸碱中和池的腐蚀防护问题。在当前的许多火力发电厂中通过使用中和池来对生产过程产生的废碱、废酸液体进行处理。但是，酸碱中和是一种具有非线性特征的反应，用于中和的酸碱量过量或不足及不均匀搅拌等都会使得中和后的液体 pH 值达不到规定的范围，很多电厂在运行几年之后，沟道和中和池的腐蚀破坏问题就开始显现，这是由于其腐蚀防护层遭到损坏之后，废液的渗漏往往会造成基地的腐蚀。

（3）循环水加酸的系统腐蚀问题。一般情况下，火力发电厂中循环水的浓缩倍率都在2.5 以上，采用硫酸加阻垢剂的方式进行处理是一种普遍的形式，但是由于材质、安装工艺及加药方式等细节上出现的问题常常会造成腐蚀问题的发生。

（4）其他腐蚀防护出现的问题。水处理车间和酸碱平台的铁制沟盖板受到腐蚀、计量室内的墙壁腐蚀、贮存盐酸和硫酸的衬胶管罐和普通钢制罐的腐蚀。

2.4.2 防腐工艺改进措施

1. 酸碱中和池防腐蚀问题改进

针对酸碱中和池的问题，在进行防腐蚀工艺的改进时。首先，在进行池体建设时，要将树脂胶泥的接层厚度和接缝粘合作为重要的检查对象，一定要做好接缝的粘合工艺，为后期的防腐工作做好保证。管理部门要按照相关规定严格进行防腐施工的验收，进行有效的施工管理，避免偷工减料的发生。其次，酸碱中和池若发生了泄漏，在进行修复时，不仅要打开被破坏的防腐蚀层，还要检查周围地基土层是否已被腐蚀性液体浸泡。一定要排干进入土层中的腐蚀性液体，将混凝土基层作为重点修复对象。另外，布局设计的缺陷需要从施工初期的设计入手，及时发现内部的腐蚀情况，做出预先的应对方案。

2. 管道防腐蚀问题改进

水处理管道的防腐蚀问题也是火力发电厂化学水处理设备防腐蚀性研究的重要方向之一。在进行处理时，在加强施工质量管理工作的前提下，要采用先进的防腐技术，现在国际上比较先进的技术有溶解环氧/聚乙烯三层结构防腐涂层技术。应用此技术，可以较好地解决直埋管道的防腐问题。另外，要严格管理管道的防腐工艺施工技术，提升管道的使用寿命。

3. 加酸的系统防腐蚀问题改进

加酸的系统防腐蚀问题一直是防腐改进的瓶颈问题，这套整体工艺对于材质的要求非常高。有些电厂为了改善浓硫酸贮罐的耐腐蚀性，在罐内加了一层衬胶层，反而引起了衬胶脱落堵塞阀门和管道的事故的发生。在进行容器材质的选择时，可以选择耐腐蚀性的材料。例如 PVC 或者钢衬胶材料，虽然达不到消除腐蚀事故的目的，但是可以起到抗腐蚀的作用。输送酸液的管子也应考虑外部防锈和保温问题，在进行管道的布置时，针对常见的灌水试验中出现的灌水不到位而导致的硫酸泄漏，要设计成明管，在发生渗漏时可以及时进行修理，避免事故发生时对周围建筑、设备以及员工的生命造成危害。在应对加药问题时，可以使用计量泵加药，虽然也有一定的不足之处，但是对安全具有一定的作用。

4. 其他防腐蚀问题的改进

防腐蚀工艺作为火力发电厂化学水处理设施的重要研究方向，不仅要在工艺上严格进行控制和改进，电厂的管理部门也要引起足够的重视。化学水处理设施的防腐至关重要，首先公司要设立专门的监管部门，严格制订全面有效的腐蚀事故处理预案。其次，公司要制订公平的奖惩制度，进而使防腐问题深入人心。再次，要严格执行腐蚀程度的不定期检查，腐蚀程度在超过一定标准之后，一定要进行及时修复，还要进行全面检查，不允许存在任何疏忽之处。

2.4.3 酸碱系统设计规定

（1）酸、碱贮存计量设备宜靠近用户布置。电气控制盘柜不应布置在酸、碱贮存计量间内。

贮存设备宜不少于两台，并应考虑有安全、检修及清洗措施。贮存槽地上布置时，其周围应设耐酸、碱防护围沿，围沿内容积应大于最大一台酸、碱设备容积。当围沿有排放措施时，可适当减小其容积。酸、碱贮存区域内应设安全淋浴器。

（2）酸、碱再生液宜用喷射器输送，也可采用计量泵。采用计量泵时，其出口管道应装设安全阀、稳压器和压力表。硫酸计量宜采用计量泵系统。

（3）计量箱的有效容积应满足一台离子交换器一次最大再生用量。

当离子交换器台（套）数较多，有两台（套）交换器同时再生时，计量箱的台（套）数应能满足其同时再生的需要。

混合离子交换器应专设再生设备。

（4）盐酸贮存槽（计量箱）宜采用液面密封设施，排气口应设酸雾吸收器。浓硫酸贮存槽排气口应装设除湿器。碱贮存槽排气口宜装设 CO_2 呼吸器。

盐酸贮存槽（计量箱）出口应考虑有防止液面覆盖材料被带出的措施。

（5）装卸浓酸、碱液体，宜采用负压抽吸、泵输送或自流方式输送。

当采用固体碱时，应有吊运设备和溶解装置。

2.4.4 化学酸洗

锅炉化学清洗是指采用一定的清洗工艺，通过化学药剂的水溶液与锅炉汽水系统中的腐蚀产物、沉积物和污染物发生化学反应而使锅炉受热面内表面清洁，并在金属表面形成良好钝化膜的方法。化学清洗是防止受热面因结垢和腐蚀引起事故的必要措施，同时也是提高锅炉热效率、改善机组水汽品质的有效措施之一。但是全国火力发电厂因酸洗工艺不当、酸洗药剂配方不当引起的锅炉水冷壁、过热器爆管的事例很多，主要表现在因酸洗工艺操作不当，化学清洗液进入过热器；采用柠檬酸清洗因药剂浓度不足产生柠檬酸铁的沉淀，引起局部垢量高；因化学清洗选用的配方不当，清洗过热器引起合金钢、不锈钢管材敏化腐蚀等。

防止设备严重腐蚀事故的措施如下：

（1）严格控制化学清洗温度、时间、浓度，确保无过洗或点蚀现象。

（2）对与化学清洗无关的设备（包括仪表）进行有效隔离，并保证参与化学清洗设备与化学清洗液无严重腐蚀倾向。

（3）在可能发生泄漏的地方对周围设备进行隔离保护。

（4）化学清洗前对铜部件进行拆除或隔离，对氧化铁垢含有铜 5%系统应有洗铜措施，防止镀铜事故。

（5）化学清洗过程中加强对铁离子浓度监测，铁浓度大于 300mg/L 前必须加入还原剂。

（6）化学清洗时控制汽包炉汽包水位、除氧器水位及凝汽器水位等重要参数，防止化学清洗液溢流、渗透到非化学清洗系统。

（7）所有化学清洗药品均应验收合格后再使用。

2.5 电力用油系统

2.5.1 用油概况

汽轮机油是作为火力发电厂主要生产设备（汽轮机）使用的润滑油，在发电厂中占较大的一部分。

抗燃油主要用于大容量汽轮机和燃气轮机的液压控制系统和轴承润滑系统。

2.5.2 润滑油系统

汽轮机润滑油系统构成主要由主油泵、油涡轮、集装油箱、事故油泵、启动油泵、辅助油泵、冷油器、切换阀、油烟分离器、顶轴装置、油氢分离器、低润滑油压遮断器、单舌止回阀、套装油管路、油位指示器及连接管道、监视仪表等设备构成。

发电机密封瓦（环）所需用的油（其实就是汽轮轴承润滑油），人们习惯上按其用途称之为密封油。密封油系统专用向发电机密封瓦供油，且使油压高于发电机内氢压（气压）一定数量值，以防止发电机内氢气沿转轴与密封瓦之间的间隙向外泄漏，同时也防止油压过高而导致发电机内大量进油。密封油系统是根据密封瓦的形式而决定的，最常见的有双流环式密封油系统和单流环式密封油系统。

1. 润滑油的物理和化学性质

（1）水分、透明度。透明度是对油品外观的直观鉴定，优良油的外观应是清澈透明的，影响油品透明度有内外两种因素：一是油品在低温下如呈浑浊现象，主要是油品中可能存在固体烃类；二是如油中混入杂、水分等污染物，可使油的外观浑浊不清。

运行中的汽轮机油，在正常运行的情况下，油的外观应该是透明的，但如机组有缺陷、外带不严密或轴封调节不当，容易将汽、水漏入油系统中，油遇水后，特别是已开始老化的油，长期与水混合循环，会使油发生浑浊和乳化。油系统中漏入水、汽后，从外观看油质会出现浑浊不清和乳化现象，将破坏油膜，影响油的润滑性能，严重的会引起机组的磨损；同时漏入机组的水分，如长期与金属部件接触，金属表面将产生不同程度的锈蚀，锈蚀产物可引起调速系统的卡涩，甚至造成停机事故，也可引起油的老化。

当发现运行汽轮机油中有水分或外状不透明时，要及早查明原因，采取措施，如加强滤油、定期从油箱底部放水等，并调整轴封间隙、轴封汽压，保证机组的油质。

（2）黏度。油品的黏度是评价其流动性的指标，对润滑作用有决定性的意义。油品的黏度与其化学组成密切相关，使用时受外界条件（温度、压力）的影响较大，随油温的升高而降低，随油温的降低而升高，因汽轮机油需要在不同温度条件下或在同一机械的不同温度下工作，这就要求其黏度随温度变化越小越好，即在高温下应保持某种最低黏度，在低温时也不应有过高的黏度，一般在发电厂，3000r/min 的机组采用 32 号汽轮机油。

汽轮机油由于长期在较高的温度下运行，油中低分子的组分不断地挥发掉，同时油在运行的条件下，受空气、压力、流速等的影响要逐渐老化，因此在正常情况下，运行中油的黏度要有所增加，黏度增大会影响机组的负荷效率，对机组运行不利，如发现运行中汽轮机油的黏度增大或接近于标准的上限，要及时进行处理，一般处理方法是先用滤油机滤油，除掉油泥、机械杂质等，再投入再生装置，除掉油中老化产物，直至达到合格标准。

（3）密度。油品密度与油品化学组成关系密切，若油中含有胶质和环烷酸越多则密度越大，运行中油若已逐步被氧化，则密度也有所增大，若油中混入水分、机械杂质，都能使油品的密度增加，测定油品的密度对油品生产、贮运和使用有较大的意义，根据油品的密度可初步判断油品被污染的程度。

（4）倾点、闪点。油品在使用过程中随外界温度不断降低，油品的黏度变得越大，流动也越来越困难，当温度降低至某一范围时，油品有可能完全失去正常的流动性能，倾点就是表示油品的低温流动性能，油品的倾点决定于其中石蜡的含量，含量越多油品的倾点越高，为了便于运输、贮存、保管，在国家标准中，规定汽轮机油的倾点是不低于−7℃。

闪点是汽轮机油的一项物理性能指标，它与密度、黏度有密切关系，一般密度、黏度大的油品其闪点也相应的高，从运行意义上来说，闪点是一项安全指标，要求汽轮机油在长期高温下运行，应安全可靠，一般说来闪点越低，挥发性越大，安全性能越小。油在运行中如遇高温时会引起油的热裂解反应，油中高分子烃经裂解而产生低分子烃，低分子烃容易蒸发而使油的闪点下降，因此，运行中规定汽轮机油的闪点不比前次测定值低8℃。

（5）机械杂质（颗粒度）。机械杂质是指油中浸入不溶于油的颗粒状物质，如焊渣、氧化皮、金属销、砂粒、灰尘等。油中含有机械杂质，特别是坚硬的固体颗粒，可引起调速系统卡涩，机组转动部位（轴承、轴瓦）的磨损，严重时可引起机组飞车等事故，严重地威胁机组安全运行。

（6）酸值。酸值是新汽轮机油和运行中汽轮机油的重要指标，它是反映油老化程度的指标之一，也是新油精制的控制指标之一。运行中的油受温度、空气、压力以及各种杂质的影响，逐渐被氧化，油在运行中氧化后很快地形成各种有机酸，如甲酸、乙酸等低分子酸均比较活泼，特别有水存在时，其腐蚀性更强。

（7）抗乳化性能和破乳化度。抗乳化性能是指油品本身在含水的情况下抵抗油的水乳化液形成的能力，其能力的大小用破乳化度来表示。

破乳化度是评定油品抗乳化性能的质量指标，汽轮机油形成乳化液必须具备三个必要条件，一是必须有互不相溶或不完全相溶的两种液体；二是两种混合液应有乳化剂（能降低界面张力的表面活性剂）存在；三是要有形成乳状液的能量，如强烈的搅拌、循环、流动等。运行中的汽轮机油因受温度、空气、水分等的影响，逐渐老化，老化后产生的环烷酸皂类、胶质等物质均是乳化剂。油在运行中往往由于设备或运行调节不当，使汽、水漏入油系统中，引起油质乳化。油乳化后进入轴承润滑系统，有可能析出水分，破坏了正常的油膜，增大了部件的摩擦，引起局部过热、轴承磨损、机组振动及锈蚀。严重乳化的油有可能沉积于调速循环系统中，致使运行油不能畅通流动，不能引起良好润滑和调速作用，不及时处理会造成重大事故。为了防止油的乳化，要求汽轮机油必须有良好的破乳化度。

（8）析气性。汽轮机油在正常条件下，可溶解10%体积的空气，随外界压力的升高而提高，压力下降时，被溶解的空气形成小泡释放出来，评定油品析气能力通常用空气释放值来表示。汽轮机油析气性能不好，可能会增加油的可压缩性，导致控制系统失灵，产生噪声和振动，严重时会损坏设备；可能降低油泵的有效容积，降低泵的出口压力，特别是对于离心泵，可能会加速油的劣化变质。

（9）泡沫特性。由于汽轮机油在油系统中是强迫循环方式，空气激烈地搅动，油面上会产生泡沫和气泡，泡沫的生成可使油泵油压上不去，影响油的循环润滑，发生磨损，同时油压不稳，影响调整，有时可造成油系统出现假油位，因此要求油品要有良好的泡沫特性。

（10）抗氧化安定性。运行中汽轮机油与大量空气接触，油的氧化主要是空气中氧的作用，此外，温度、压力、流速、催化剂和其他杂质如水分、尘土等都可促使油的氧化，油的氧化不仅受外界的影响，其内在因素主要是油的化学组成。油的组成不同，不同烃类有不同的氧化倾向，其氧化产物也不同，总之，烃类氧化的最初产物大都是烃基过氧化物，而后分解为酸、醇、酮等，再进一步缩合成树脂质、胶质、沥青质等，这些物质会导致油品其他性能的劣化，对运行油带来一系列不利因素，影响冷油器和润滑效果，故油品应有良好的氧化安定性。

2. 润滑油的作用

汽轮机油俗称透平油，是电力系统中重要的润滑介质，主要用于汽轮发电机组的润滑系统和调速系统。在汽轮机的轴承中起润滑和冷却作用；在调速系统中起传压调速作用。汽轮机油在汽轮发电机组的润滑油系统和调速系统中是一个密闭的循环系统，汽轮机油由主油箱通过主油泵升压后，分为两路，一路直接进入调速系统；另一路经减压阀送入冷油器，油经冷却进入各轴承，最后直接回流入油箱，形成了汽轮机油的密闭循环系统。其主要作用如下：

（1）调速作用。汽轮机的调速系统主要由调速汽门、伺服阀、错油门、调速器及其控制系统等部件组成，调速汽门的开大或关小由伺服阀来控制，使汽轮机在负荷变动时，调节蒸汽的进汽量来保持汽轮机额定的转速；而伺服阀由错油门、调速器及其控制系统来控制。

（2）润滑作用。汽轮发电机组的轴承和轴颈的表面粗糙度虽然非常小，但当大轴移动时，若无润滑剂则处于固体摩擦状态，汽轮机启动时轴颈和轴承之间会磨损和发热，瞬间便会被毁坏。若在汽轮机的轴颈和轴承间加入汽轮机油，在固体摩擦的表面上形成连续不断的油膜层，从而以液体摩擦代替了固体摩擦，大大减少了摩擦阻力，防止了轴的磨损和毁坏。

当油分子与金属表面接触时，就牢固地与金属的结晶格子相结合，而且油分子还沿一定方向排列，并扩展到更多层的分子，当轴颈在通入汽轮机油的轴承中转动时，由于汽轮机油具有一定的润滑性和黏度，它就牢固地粘在轴表面，形成一层油分子，而且还吸引邻近层的油分子一起转动，轴与轴承之间的间隙呈楔形，而运行着的油分子从间隙较宽的部分被挤到较窄部分，从而形成压力，在轴与轴承下部之间形成特殊的楔形油层，在此油楔压力作用下，轴在轴承内被托起，致使轴颈与轴之间形成一层具有一定厚度的油膜，即以液体摩擦代替子固体摩擦，油在其中起到良好的润滑作用。

（3）散热作用。运行中的汽轮机油，不断地在系统内循环流动，油温将不断升高，其主要原因是轴承内油品的内摩擦产生热量，其次，由于油与轴颈相接触，被汽轮机转子传来的热量所加热，故此，油在系统内循环时，将不断地带走设备所产生的热量，并经冷油器把热量排出，由此可知，油作为传热介质，对系统内的有关设备起到冷却、散热的作用。

（4）冲洗作用。由于摩擦产生的金属碎屑被汽轮机油所带走，从而起到了冲洗的作用。

（5）减振作用。汽轮机油在摩擦面上形成油膜，使摩擦部件在油膜上运动，即两摩擦面间垫了一层油垫，因而对设备的振动起到了一定的缓冲作用。

3. 油质的要求

汽轮机油质量的好坏，直接影响汽轮机组的安全经济运行，故对汽轮机油的质量具有严格的规定和较高的要求。

（1）良好的抗氧化安定性。汽轮机油在机组中循环速度快，次数多，使用年限较长，并在一定温度下和空气、金属直接接触；因此，要求其在运行中热稳定性好，氧化沉淀物要少，酸值不应显著增长。

（2）良好的润滑性能和适当的黏度。选择适当黏度的汽轮机油，其黏度随温度变化小，能保证汽轮机组在不同温度下得到可靠的润滑。一般在保证润滑的前提下，尽可能选用黏度较小的油，原因是其散热性及抗乳化性能均好一些。

（3）良好的抗乳化性能。因机组在运行中蒸汽经常从轴封不严密处漏入油系统，使油水混合而成乳化液，影响油的润滑性能和机组的安全运行，故要求汽轮机油具有良好的抗乳化性能，容易与水分离使漏入润滑系统内的水分在油箱内能迅速分离排出，以保持油质的正常润滑和冷却作用。

（4）要具有良好的防锈性能。对机件能起到良好的防锈作用。

（5）良好的抗泡沫性能。油在运行中产生泡沫要少，以利于油的正常循环、润滑。

（6）良好的析气性能。油在运行中与空气接触，形成雾沫，油应能快速消除泡沫。

（7）具有良好的清洁度。油品应有很好的清洁度，以免在摩擦面上破坏油膜，形成干摩擦，造成设备损坏。

2.5.3 抗燃油系统

抗燃油（EH油）系统为调节保安系统各执行机构提供符合要求的高压工作油。其主要设备由供油装置、再生装置、高压蓄能器、滤油器组件及相应的油管路系统组成。根据调速系统工作油压，抗燃油可分为中压抗燃油（油压约4MPa）和高压抗燃油（油压大于或等于11MPa）。

抗燃油由磷酸酯组成，外观透明、均匀，新油略呈淡黄色，无沉淀物，挥发性低，抗磨性好，安定性好，物理性稳定。难燃性是磷酸酯最突出特性之一，在极高温度下也能燃烧，但它不传播火焰，或着火后能很快自灭，磷酸酯具有高的热氧化稳定性。

1. 抗燃油物理和化学性质

抗燃油是一种人工合成油，是有毒或低毒的，大量接触后神经、肌肉器官受损，呈现出四肢麻痹，此外对皮肤、眼睛和呼吸道有一定刺激作用。

（1）外观。观察抗燃油中有无沉淀物及混浊现象是判断油品污染与否的直观依据。

（2）颜色。新抗燃油一般是浅黄色的液体，如果运行中油品颜色急剧加深，必须分析其他控制指标，查明原因。

（3）凝点。测定凝点可以掌握油品的低温性能，判断油品是否被其他液体污染。

（4）密度。测定密度可判断补油是否正确以及油品中是否混入其他液体或过量空气。磷酸酯抗燃油密度大于1，一般为1.11～1.17。由于抗燃油密度大，因而有可能使管道中的污染物悬浮在液面而在系统中循环，造成某些部件堵塞与磨损。如果系统进水，水会浮在液面上，使其排除较为困难，系统产生锈蚀。

（5）运动黏度。测定运动黏度可鉴别补油是否正确及油品是否被其他液体污染。抗燃油的黏度较润滑油大，一般为28～45mm²/s。

（6）酸值。酸值是重要的控制指标，如果运行中抗燃油酸值升高得快，表明抗燃油老化变质或水解。必须查明酸值升高的原因，采取措施，防止油质进一步劣化。酸值高会加速磷酸酯抗燃油的水解，从而缩短抗燃油的寿命，故酸值越小越好。

（7）倾点。确定油品的低温性能，判断油品是否被其他液体污染。

（8）水分。水分会导致抗燃油水解劣化，酸值升高，造成系统部件腐蚀。如果运行抗燃油的水分含量超标，应迅速查明原因，采取措施。水分不但会导致磷酸酯抗燃油的水解劣化、酸值升高，造成系统部件腐蚀，而且会影响油的润滑特性。如果运行磷酸酯抗燃油的水分含量超标，应迅速查明原因，采取有效的处理措施。

（9）闪点。闪点降低，说明抗燃油中产生或混入了易挥发可燃性组分或发生了分解变质，应分析闪点降低的原因，采取适当措施，保证机组安全运行。

（10）自燃点。运行中磷酸酯抗燃油的自燃点降低，说明被矿物油或其他易燃液体污染，应查明原因，采取处理措施，必要时停机换油。

（11）氯含量。磷酸酯抗燃油中氯含量过高，会对伺服阀等油系统部件产生腐蚀，并可能损坏某些密封衬垫材料。如果发现运行油中氯含量超标，说明磷酸酯抗燃油可能受到含氯物质的污染，应查明原因，采取措施进行处理。

（12）电阻率。电阻率是磷酸酯抗燃油的一项重要油质控制指标，运行磷酸酯抗燃油的电阻率降低，可能是由于可导电物质的污染或油变质而造成的，此时应检查酸值、水分、氯含量、颗粒污染度和油的颜色等项目，分析导致电阻率降低的原因，并采取相应的处理措施。

（13）颗粒污染度。抗燃油中颗粒污染度的测定，是保证机组安全运行的重要措施，特别是对新机组启动前或检修后的调速系统，必须进行严格的冲洗过滤。运行油中颗粒污染度值增大，应迅速查明污染源，必要时停机检查，消除隐患。

（14）泡沫特性。用于评价油中形成泡沫的倾向及形成泡沫的稳定性。运行中抗燃油产生的泡沫随油进入油系统将直接威胁机组的安全运行，同时会加速油质劣化。因此，必须采取消除泡沫的措施。

（15）空气释放值。空气释放值表示油中夹带的空气逸出的能力，测量油的空气释放值，也可以推断油是否受到污染（如矿物油）以及油的劣化程度，油中含有空气量越少越好。

（16）氧化安定性。氧化安定性试验是用来评价油品的使用寿命长短的一种方法。如果运行油酸值迅速增加，应考虑氧化安定性试验，以确定是否应添加抗氧剂或采取其他维护措施。

（17）开口杯老化试验。确定不同品牌或同一品牌但酸值等指标差异较大的磷酸酯抗燃油是否可以混用。

（18）矿物油含量。运行中磷酸酯抗燃油如果被矿物油污染，会降低磷酸酯抗燃油的抗燃性、空气释放特性及泡沫特性。如果发现矿物油含量超标，应查明原因，消除污染源或更换新油。

（19）水解安定性。主要用于评定磷酸酯抗燃油的抗水解能力，如果运行油的颜色没有发生显著变化，而酸值升高，则可能是油的水解所致。此时，应考虑测定油的水解安定性和水分含量，必要时测定油中的游离酚含量，分析酸值升高的原因。

2. 抗燃油应具备的性能

（1）抗燃性。抗燃油的自燃点比汽轮机油的高，一般在 530℃以上（热板试验在 700℃以上），而汽轮机油的只有 300℃左右。

（2）电阻率。调节系统用的高压抗燃油应具有较高的电阻率，电阻率低会造成伺服阀腐蚀。

（3）氧化安定性。由于温度、水分、杂质以及空气中的氧气会加速油质老化，抗燃油应具有良好的氧化安定性。

（4）起泡沫性。由于空气混入，运行中的抗燃油会产生泡沫，泡沫过多，会影响机组的正常运行。

（5）抗腐蚀性。抗燃油的水分、氯含量、电阻率和酸值等超标，会导致伺服阀腐蚀、磨损，甚至造成阀的黏滞、卡涩。因此，必须严格控制有关项目的质量指标。

（6）清洁度。由于调速系统油压高，执行机构部件间隙缩小，机械杂质污染会引起伺服阀的磨损，甚至卡涩而被迫停机，故抗燃油应有较高的清洁度。

2.5.4 油的腐蚀和锈蚀

汽轮机在运行条件下，不可避免地有水浸入润滑系统中。实践证明，大部分运行的汽轮机油都含有水，因而使润滑和调速系统产生锈蚀。严重的使调速系统卡涩失灵，威胁设备安全运行。为此要求汽轮机油有一定的防锈性能，汽轮机油防锈性能好坏，是通过液相锈蚀试验鉴别的。

1. 液相锈蚀

液相锈蚀试验是鉴定汽轮机油与水混合时，防止金属部件锈蚀的能力，以及评定添加剂的防锈性能。

目前，采用 GB/T 11143—2008《加抑制剂矿物油在水存在下防锈性能试验》中测定法。将一个用 15 号碳素钢加工的圆锥形的试棒，浸入 300mL 汽轮机油与 30mL 蒸馏水的混合液中，在 60℃温度的条件下，以一定速度进行搅拌，维持 24h 后，取出试棒，目视检查试棒的锈蚀程度。结果判断如下：

（1）无锈。试棒上无锈斑，即合格。

（2）轻锈。试棒上锈点不多于 6 个；每个锈点的直径小于或等于 1mm，或者生锈面积小于或等于试棒的 1%。

（3）中锈。生锈面积小于或等于试棒的 5%。

2. 腐蚀测定

油中存在的活性硫（腐蚀硫）包括元素硫、硫化氢、低级硫醇（如 CH_3SH）、二氧化硫、磺酸和酸性硫酸酯等。二氧化硫多数是用硫酸精制及再蒸馏时残留的中性及酸性硫酸酯分解而成的。油中还含有一些非活性硫化物如噻吩、多硫化物等，在低温（50℃）下对铜腐蚀很小，但在高温（130℃）时多硫化物开始分解为硫化氢。当油中含有 0.01% 以上的活性硫化物时，对金属（特别铁和铜）就发生腐蚀作用，危害很大，应在加工时将活性硫化物除去。

腐蚀测定方法是使试油在一定温度下与铜片相接触，经过一定时间作用后，观察铜片表面发生颜色变化，确定试油对金属的腐蚀状况。

2.5.5 用油管理和维护

为延长油的使用寿命和保证设备安全运行，应对运行中油采取防止油劣化措施。

（1）采用滤油器，随时清除油中的机械杂质、油泥和游离杂质，保证油系统的清洁度。

（2）在油中添加抗氧化剂（常用 T501 抗氧化剂），以提高油的氧化安定性，对漏水、漏汽的机组，还应添加防锈剂（常用 T746 防锈剂）。

（3）安装油连续再生装置（净油器），随时清除油中的游离酸和其他老化产物。

1. 库存油的维护措施

（1）库存油管理应严格做好油的入库、储存和发放三个环节。

1）对新购进的油，须先验明油种、牌号，并按新油的相关标准检验油质是否合格。经验收合格后的油入库前须经过滤净化合格后，方可注入备用油罐。

2）库存备用的新油和合格的油，应分类、分牌号、分质量进行存放。

3）严格执行库存油的油质检验。

4）防止油在储存和发放过程中发生污染变质。

（2）油桶、油罐、管线、油泵以及计量、取样工具等必须保持清洁，一旦发现内部积水、脏污或锈蚀以及接触过不同油品或不合格油时，均须及时清除或清洗干净。

（3）尽量减少倒罐、倒桶及油移动次数，避免油品意外的污染。

（4）经常检查管线、阀门开关情况，严防串油、串汽和串水。

（5）准备再生的污油、废油，应用专门容器盛装并用单独库房存放，其输油管线与油泵均与合格油品严格分开。

（6）油桶应严密上盖，防止进潮并避免日晒雨淋，油罐装有呼吸器并经常检查和更换吸潮剂。

2. 油系统在基建安装阶段的维护

（1）对制造厂供货的油系统设备，交货前应加强对设备的监造，以确保油系统设备尤其是具有套装式油管道内部的清洁。验收时，除制造厂有书面规定不允许解体者外，一般都应解体检查其组装的清洁程度，包括有无残留的铸砂、杂质和其他污染物，对不清洁部件应一一进行彻底清理。

（2）清理常用方法有人工擦洗、压缩空气吹洗、高压水力冲洗、大流量油冲洗、化学清洗等。清理方法的选择应根据设备结构、材质、污染物成分、状态、分布情况等因素而定。擦洗只适于清理能够达到的表面，对清除系统内分布较广的污染物常需用冲洗法；对牢固附着在局部受污表面的清漆、胶质或其他不溶解污垢的清除，需用有机溶剂或化学清洗法。如果用化学清洗法，事前应同制造厂商议，并做好相应措施。

（3）对油系统设备验收时，要注意检查出厂时防护措施是否完好。在设备停放与安装阶段，对出厂时有保护涂层的部件，如发现涂层起皮或脱落，应及时补涂，保持涂层完好；对无保护涂层的铁质部件，应采用喷枪喷涂防锈剂（油）保护。对于某些设备部件，如果采用防锈剂（油）不能浸润到全部金属表面，可采用（或联合采用）气相防锈剂（油）保护。实施时，应事先将设备内部清理干净，放入的药剂应能浸润到全部且有足够余量，然后封存设备，防止药剂流失或进入污物。对实施防锈保护的设备部件，在停放期内每月应检查一次。

（4）油系统在清理与保护时所用的有机溶剂、涂料、防锈剂（油）等，使用前须检验合格，不含对油系统与运行油有害成分，特别是应与运行油有良好的相容性。有机溶剂或防锈剂在使用后，其残留物可被后续的油冲洗清除掉而不对运行油产生泡沫、乳化或破坏油中添加剂等不良后果。

（5）油箱验收时，应特别注意检查其内部结构是否符合要求，如隔板和滤网的设置是否合理、清洁、完好，滤网与框架是否结合严密，各油室间油流不短路等，保证油箱在运行中有良好的除污能力。油箱上的门、盖和其他开口处应能关闭严密。油箱内壁应涂有耐油防腐漆，漆膜如有破损或脱落，应补涂。油箱在安装时作注水试验后，应将残留水排尽并吹干，必要时用防锈剂（油）或气相防锈剂保护。

（6）齿轮装置在出厂时，一般已对减速器涂上了防锈剂（油），而齿轮箱内则用气相防锈剂保护。安装前，应定期检查其防护装置的密封状况，如有损坏应立即更换，如发现防锈剂损失，应及时补加并保持良好密封。

（7）阀门、滤油器、冷油器、油泵等验收检查时，当发现部件内表面有一层硬质的保护涂层或其他污物时，应解体用清洁（过滤）的石油溶剂清洗，但禁用酸、碱清洗。清洗干净后用干燥空气吹干，涂上防锈剂（油）后安装复原，并封闭存放。

（8）为防止轴承因意外污染而造成损坏，安装前应特别注意对轴承箱上的铸造油孔、加工油孔、盲孔、轴承箱内装配油管以及与油接触的所有表面的杂物、污物进行彻底清除，清理后用防锈油或气相防锈剂保护，并对开口处进行密封。

（9）对制造厂组装成件的套装油管，安装前仍须复查组件内部的清洁程度，有保护涂层的还应检查涂层的完好性和牢固性。现场配制的管段与管件安装前须经化学清洗合格，并吹干密封。已经清理完毕的油管不得再在上面钻孔、气割或焊接，否则必须重新清理、检查和密封。油系统管道未全部安装接通前，对油管敞开部分应进行临时密封。

3. 油系统的冲洗

（1）新机组在安装完成后投运之前必须进行油系统冲洗，将油系统全部设备和管道冲洗达到合格的洁净度。

（2）运行机组油系统的冲洗，其冲洗操作与新机组基本相同，但由于新旧机组油系统中污染物成分、性质与分布状况不完全相同，因此冲洗工艺应有所区别。新机组应强调系统设备在制造、贮运和安装过程中进入污染物的清除，而运行机组油系统则应重视在运行和检修过程中产生或进入的污染物的清除。

（3）为了提高油系统的冲洗效果，在冲洗工艺上，首先要求冲洗油应具有较高的流速，应不低于系统额定流速的二倍，并且在系统回路的所有区段内冲洗油流都应达到紊流状态。要求提高冲洗油的温度，以利于提高清洗效果，并适当采用升温与降温的变温操作方式。

在大流量冲洗过程中，应按一定时间间隔从系统取油样进行油的洁净度分析，直到系统冲洗油的洁净度达到 NAS（美国航空航天联合会）分级标准的 7 级。

（4）对于油系统内某些装置，系统在出厂前已进行组装、清洁和密封的则不参与冲洗。为严防在冲洗中进入污染物，冲洗前应将其隔离或旁路，直到其他系统部分达到清洁为止。

4. 运行油系统的防污染控制

（1）运行中的防污染控制。对运行油油质进行定期检测的同时，应重点将汽轮机轴封和油箱上的油气抽出器（抽油烟机）以及所有与大气相通的门、孔、盖等作为污染源来监督。当发现运行油受到水分、杂质污染时，应检查这些装置的运行状况或可能存在的缺陷，如有问题应及时处理。为防止外界污染物的侵入，在机组上或其周围进行工作或检查时，应做好防护措施，特别是在油系统上进行一些可能产生污染的作业时，要严格注意不让系统部件暴露在污染环境中。为保持运行油的洁净度，应对油净化装置进行监督，当运行油受到污染时，应采取措施提高净油装置的净化能力。

（2）油转移时的防污染控制。当油系统某部分检修、系统大修或因油质不合格换油时，都需要进行油的转移。如果从系统内放出的油还需再使用时，应将油转移至内部已彻底清除的临时油箱。当油从系统转移出来时，应尽可能将油放尽，特别是将油加热器、冷油器与油净化装置内等含有污染物的大量残油设法排尽。放出的全部油可用大型移动式净油机净化，待完成检修后，再将净化后的油返回到已清洁的油系统中。油系统所需的补充油也应净化合格后才能补入。

（3）检修时防污染控制。油系统放油后应对油箱、油管道、滤油器、油泵、油气抽出器、冷油器等内部的污染物进行检查和取样分析，查明污染物成分和可能的来源，提出应采取的措施。

（4）油系统清洁。对污染物凡能够达到的地方必须用适当的方法进行清理。清理时所用的擦拭物应干净、不起毛，清洗时所用有机溶剂应洁净，并注意对清洗后残留液进行清除。清理后的部件应用洁净油冲洗，必要时需用防锈剂（油）保护。清理时不宜使用化学清洗法，也不宜用热水或蒸汽清洗。

（5）检修后油系统冲洗。检修工作完成后油系统是否进行全系统冲洗，应根据对油系统检查和油质分析后综合考虑而定。如油系统内存在一般清理方法不能除去的油溶性污染物及油或添加剂的降解产物时，采用全系统大流量冲洗是有必要的。某些部件，在检修时可能直接暴露在污染环境下，如果不采用全流量净化，一些污染物还来不及清除就可能从这一部件转移到其他部件。另外，还应考虑污染物种类、更换部件自身的清洁程度以及检修中可能带入的某些杂质等。如果没有条件进行全系统冲洗，至少应考虑采用热的干净运行油对这些检修过的部件及其连接管道进行冲洗，直至洁净度合格为止。

5. 油净化处理

（1）油净化处理在于随时清除油中颗粒杂质和水分等污染物，保持运行油洁净度在合格水平。

（2）机械过滤器（滤油器）包括滤网式、缝隙式、滤芯式和铁磁式等类型，其截污能力决定于过滤介质的材质及其过滤孔径。金属质滤材包括筛网、缝隙板、金属颗粒或细丝烧结板（筒）等，其截留颗粒的最小直径为 $20\sim1500\mu m$，其过滤作用是对机械杂质进行表面截留。非金属滤料包括滤纸、编织物、毛毡、纤维板压制品等，其截留颗粒的最小直径为 $1\sim50\mu m$，对清除机械杂质兼有表面和深层截留作用，还对水分与酸类有一定吸收或吸附作用。但非金属滤元的机械强度不及金属滤元，只能一次性使用，用后废弃换新。国际上，常用 $\beta\mu m$ 值评价过滤器的截污能力。β 值越高净化效率越好，一般要求不同精度过滤器 β 值应大于 75，它对于精密滤元的选用尤为重要。

注：$\beta\mu m$ 值表示过滤器进油处油中某一尺寸颗粒数目与出口处油中同样尺寸颗粒数目之比。

（3）重力沉降净油器主要由沉淀箱、过滤箱、贮油箱、排油烟机、自动抽水器和精密滤油器等组成。这种净油器由于具有较大油容积，对油中水分、杂质兼有重力分离和过滤净化作用，因此特别适合运行系统采用，也可用于离线处理，可减轻其他净油装置的除污负担。

（4）离心分离式净油机是借具有碟形金属片的转鼓，在高速旋转（6 000～9 600r/min）下产生的离心力，使油中水分、杂质与油分开而被清除掉。对于油中悬浮杂质，其分离程度与油的黏度、油与杂质的密度差等因素有关。当运行条件良好时，可除去油中部分的颗粒杂质和大部分水分。

使用中为防止油氧化，油温应不大于60℃，但当油温过低时（低于15℃）则应适当提高油温。

（5）水分聚集/分离净油器采用特制纤维滤芯，可将油中分散的细水滴凝聚成大水滴，油则通过一特制的憎水性隔膜将水滴阻挡在外，使水滴落到净油器底部排出。为防止颗粒物被截流在聚集器滤芯影响水的聚集，装置的进口处设有颗粒预滤器。

（6）真空脱水净油器由过滤器、加热器、真空室等组成。将湿油（油温38～82℃）在真空度为33～16kPa的真空室内进行喷射或淋洒，借真空作用将油中水分蒸发、抽出、凝结而脱除。在运行条件良好时，可将油中水分降低，其中油中溶解水分可得到部分清除。但油中组分（包括添加剂）会有所损失。

（7）吸附净油器采用活性的过滤介质，如硅胶、活性氧化铝、高岭土等，借净油器的渗滤吸附作用，可除去油中氧化产物，但也会同时除去油中某些添加剂，甚至会改变基础油的化学组成。对使用磷酸酯抗燃油的液压调节系统，常采用有吸附净油器的旁路净化系统进行除酸，同时油中游离水分可得到部分清除。

（8）不同形式的油净化装置都有各自的局限性。因此，大容量机组油净化系统常选用具有综合功能的净油装置，且要求所用的油净化装置与油系统及其运行油应有良好的相容性。

（9）油净化系统的配置方式常用的有全流量净化、旁路净化和油槽净化三种。全流量净化是获得与维持油洁净度最有效的方式，但常会受到过滤工序的制约。对于旁路净化，虽其效率不如全流量净化，但易于安装，可连续使用，不会受到运行限制。旁路净化效率与旁路分流流量比率有关，分流比越高，对污染物清除效率越高。旁路分流比率一般为10%～75%。

油槽净化方式不适用于运行系统。但当运行油在主油箱与贮油系统之间进行转移时，常采用油槽净化方式。

（10）油净化系统与油系统的连接方式，应考虑有利于向机组提供最纯净的油；当油净化系统或管路发生事故可能危及机组安全时，能提供最大的保护。另外，还要能最大限度地延长净化装置滤芯的使用寿命。连接方式应力求做到合理化。

6. 油品添加剂

（1）油品添加剂是油质防劣的一项有效措施。油品添加剂种类繁多，对于矿物汽轮机油，目前适合运行油使用的主要有抗氧化剂和金属防锈剂两类。为确保机组的安全运行，汽轮机油中严禁添加诸如抗磨剂之类的其他类型添加剂。

（2）添加剂对运行油和油系统应有良好的相容性，对油的其他使用性能无不良影响；对油系统金属及其他材质无侵蚀性等。

（3）为提高添加剂使用效果，除正确选用添加剂外，还应加强运行油的有关监督与维护，包括油中添加剂含量测定、油系统污染控制、补加添加剂等工作。

（4）T501 抗氧化剂适合在新油（包括再生油）或轻度老化的运行油中添加使用。其有效剂量，对新油、再生油一般为 0.3%～0.5%；对运行油，应不低于 0.15%，当其含量低于规定值时，应进行补加。运行油添加（或补加）抗氧化剂应在设备停运或补充新油时进行。

（5）T746 防锈剂是常用的一种金属防锈剂，对矿物汽轮机油的有效剂量一般为 0.02%～0.03%。T746 防锈剂还可与 T501 抗氧化剂复配使用，称为 1 号复合添加剂。

运行油系统在第一次添加防锈剂或使用防锈汽轮机油时，应将油系统各部分彻底清扫或冲洗干净，添加后应对运行油进行循环过滤，使药剂与油混合均匀。在对运行油进行定期检测中，应作液相锈蚀试验，如发现不合格，则说明防锈剂已消耗，应在机组检修时进行补加，补加量控制在 0.02%。含 T501 和 T746 的复合添加剂，应按机组实际油量与生产厂出具的复合添加剂的浓度经计算后的添加量在运行中进行添加。

（6）T501 抗氧化剂与 T746 防锈剂的药剂质量应按相关标准进行验收合格，并注意药剂的保管，以防变质。

3

火力发电厂设备常用材料

3.1 碳钢和合金钢

火力发电厂中常用的碳钢有碳素结构钢、优质碳素结构钢和碳素铸钢等。

3.1.1 碳素结构钢

碳素结构钢主要用来制造各种板材、型钢、建筑用钢和受力不复杂且不太重要的零件，如螺栓、螺母等。Q235 在工业生产中应用最广泛，通常用于 350℃ 以下工作的受力不大的零部件，如焊接构件、锻件、紧固件、汽轮机后汽缸、冷凝器外壳、汽轮发电机隔板、中心轴、支座等。

3.1.2 优质碳素结构钢

优质碳素结构钢包括低碳钢、中碳钢和高碳钢。低碳钢（含碳小于或等于 0.25%）强度较低，塑性与韧性很好，焊接性能很好，常用来制造火力发电厂锅炉中 500℃ 以下的受热面管子，450℃ 以下的联箱、导管，中、高压锅炉汽包，电厂的金属构件也多采用低碳钢。它们经渗碳后淬火处理，还可用来制作表面要求耐磨、心部韧性要求好的齿轮、凸轮、活塞销等零件；中碳钢（含碳 0.25%～0.6%）经调质处理后，具有良好的综合力学性能，常用来制造受力较大而复杂的零件，如轴类、齿轮、联轴器、连接螺栓等，其中尤以 45 钢应用最广；高碳钢（含碳大于或等于 0.6%）经一定的热处理后具有高强度和高弹性，常用来制造各种类型的弹簧及高强度零件，如起吊重物的绳索。

3.1.3 碳素铸钢

碳素铸钢又称铸造碳钢，其含碳量一般为 0.15%～0.55%，具有良好的工艺性能，价格便宜，在机电工程设备中应用很广。ZG230-450（ZG25）有一定的强度和较好的塑性与韧性，良好的焊接性和切削性能，用于制造 400～450℃ 下工作的锅炉、汽轮机的铸件，如汽缸、隔板、蒸汽室、喷嘴室、阀壳、发电机轴承座、轴承盖等；ZG270-500（ZG35）有较高的强度，较好的塑性和韧性，良好的铸造性能，焊接性能尚好，多用于制作要求强度较高的一般结构件，如汽轮机汽缸、轴承外壳、水泵端盖、发电机风扇环、齿轮、缸体等。

3.2 合金结构钢

用于制造各种机械零件及工程结构的钢称为结构钢。合金结构钢中加入 Cr、Mn、Si、Ni、Mo、W、V、Ti、Nb 等合金元素对提高钢的综合力学性能起重要作用。用于火力发电厂的合金结构钢主要包括低合金高强度结构钢、合金渗碳钢、调质钢、弹簧钢和滚动轴承钢。

3.2.1 低合金高强度结构钢

低合金高强度结构钢是一种低碳结构钢，且含合金元素较少，一般在 3%以下。它的强度显著高于相同含碳量的碳素钢，特别是有高的屈服强度，还具有较好的韧性、塑性以及良好的焊接性和较好的耐蚀性，生产成本与碳素结构钢相近。低合金高强度结构钢一般在热轧退火或正火状态下使用。火力发电厂常用来制造高、低压锅炉的钢管，锅炉汽包，风机叶片，炉顶主梁等。

3.2.2 合金渗碳钢

合金渗碳钢的主加元素为 Cr、Mn、Ni、B，它们可提高钢的淬透性，保证心部和表层都获得良好的力学性能。Mo、W、V、Ti 等能在渗碳时阻止奥氏体晶粒长大，使零件淬火时获得细马氏体组织，改善渗碳层和心部的性能。

3.2.3 调质钢

调质钢通常是指经过调质处理后使用的碳素结构钢与合金结构钢。大多数调质钢属于中碳钢。调质后，钢的组织为回火索氏体。调质钢具有高的强度和良好的塑性与韧性的配合，即具有良好的综合力学性能。调质钢常用来制造承受较大载荷的轴（传动轴、汽轮机主轴、水泵轴、风机轴）、连杆、紧固件、齿轮等。

3.2.4 弹簧钢

弹簧钢是用于制造弹簧及弹性元件的专用结构钢。由于弹簧是在动载荷条件下工作，所以要求弹簧钢必须具有高的弹性极限和屈服强度，尤其是高的屈强比以及高的疲劳强度。此外，弹簧钢还应具有足够的塑性、韧性和良好的表面质量。在高温下工作的弹簧钢还应具有耐热性等。热力设备中应用弹簧的部件很多，如调速器、汽封、凝汽器、主汽门、安全阀等。这些部件的弹簧材料的选取应视其工作条件及尺寸大小分别选用碳素弹簧钢或合金弹簧钢。

3.2.5 滚动轴承钢

滚动轴承钢用于制造滚动轴承。滚动轴承在工作时，滚动体和套圈均承受着很大的交变载荷，接触应力大，应力循环次数高达每分钟数万次。同时，滚动体与套圈之间的滚动和滑动摩擦也往往造成磨损。因此，滚动轴承钢必须具有高而均匀的硬度和耐磨性、高的弹性极限和接触疲劳强度、足够的韧性以及在大气和润滑油中的耐蚀性。

3.3 合金工具钢

工具钢可分为刃具钢、量具钢、模具钢等。工具钢的基本要求是要有高硬度、高耐磨性和适当的韧性。

3.3.1 刃具钢

刃具钢主要是指制造车刀、铣刀、钻头、丝锥、板牙等切削刀具的钢种。刃具在工作中受到很大的切削力、振动、摩擦及切削热的作用，合金刃具钢可分为低合金刃具钢和高速钢两类。

对于低合金刃具钢，为了改善碳素刃具钢的性能，在其基础上加入一定量的合金元素，如 Cr、Mn、Si、W、V 等，即构成合金刃具钢。钢中加入 Cr、Mn、Si 的主要目的是提高淬透性和回火稳定性；加入 W、V 等强碳化物形成元素的主要目的是提高钢的硬度和耐磨性。低合金刃具钢合金元素总量不超过 5%，故钢的热硬性提高不大，一般只能在 250～300℃ 保持高硬度。这类钢具有较高的淬透性、强度、硬度、耐磨性及韧性，主要用于制造低速切削刃具，如丝锥、绞刀、拉刀、板牙、车刀、铣刀等。低合金刃具钢的热处理主要是球化退火、淬火和低温回火。而高速钢也称锋钢，其含碳量为 0.7%～1.5%，是含合金元素较多的高合金刃具钢。高速钢适宜制造在较高切削速度下的刀具，如车刀、铣刀、钻头等。

3.3.2 量具钢

所谓量具是指块规、塞规、千分尺、卡尺、样板等用来测量零件尺寸的测量工具。对精度要求一般、形状简单的小尺寸量具（如卡尺、直尺、样板、量规等）可用 T12A、T10A、T11A、9SiCr 等钢制造；对精度要求较高、形状复杂的量具（如块规、塞规等）可用低合金工具钢（如 CrMn、CrWMn、Cr2 等）或滚动轴承钢（如 GCr15）制造。

3.3.3 模具钢

模具钢是指用来制造冷冲压模、热锻模、压铸模等模具的钢。模具钢可分为冷作模具钢和热作模具钢。冷作模具钢用于制造金属在冷态下成型的模具，如冷冲压模、冷弯模、冷挤压模等。它们都要使金属在模具中产生塑性变形，因而要承受很大的压力、冲击力和摩擦力。因此，冷作模具钢与刃具钢相似，应具有高的硬度和耐磨性，以及足够的强度和韧性。尺寸较小、受力不大的冷作模具，可采用 T10A、9SiCr、9Mn2V、CrWMn 等钢种制造；大型模具应有良好的淬透性，常用 Cr12、Cr12W、Cr12MoV 等钢种制造。热作模具钢用于制造金属在高温下成型的模具，如热锻模、热挤压模等。它们不仅承受拉、压、弯曲、冲击应力和摩擦，而且还经受炽热金属和冷却介质的交替作用所引起的热应力。因此，热作模具钢应在较高温度下具有高的强度和韧性、足够的硬度和耐磨性，即高的热硬性，还要有高的抗热疲劳能力。常用的热作模具钢有 5CrNiMo、5CrMnMo、3Cr2W8V、6SiMnV 等。其热处理一般是淬火后回火，在回火屈氏体或回火索氏体状态下使用。

3.4 不 锈 钢

火力发电厂常用不锈钢有马氏体型不锈钢、铁素体型不锈钢和奥氏体型不锈钢、双相不锈钢和沉淀硬化型不锈钢。

3.4.1 马氏体型不锈钢

常用的马氏体型不锈钢是 Cr13 型钢（1Cr13、2Cr13、3Cr13、4Cr13），这类钢正火后可得到马氏体组织，故称为马氏体型不锈钢。马氏体型不锈钢在氧化性介质（如大气、水蒸气、海水、氧化性酸等）中有足够高的耐蚀性，而在非氧化性介质（如硫酸、盐酸、碱溶液等）中耐蚀性很低。随着钢中含碳量的增加，钢的强度、硬度增加，塑性、韧性降低，耐蚀性降低。1Cr13、2Cr13 含碳低，用于制造在弱腐蚀介质中、承受冲击载荷作用的零件，如汽轮机叶片、螺栓、螺母等，其热处理为调质处理，即淬火、高温回火；含碳较高的 3Cr13、4Cr13 用于制造高强度、高硬度的耐蚀零件，如仪表的齿轮、耐蚀弹簧、滚动轴承等，其热处理为淬火、低温回火。

3.4.2 铁素体型不锈钢

热力设备中常用的铁素体型不锈钢是 1Cr17、1Cr25Ti 等，这类钢正火后可得到单相铁素体，故称铁素体型不锈钢。铁素体型不锈钢在固态下不发生相变，因而不能用淬火强化。因其组织始终保持单相铁素体，所以铁素体型不锈钢的耐蚀性优于马氏体型不锈钢。其塑性好，强度低，在高温下晶粒长大倾向较严重，脆性大，主要用于力学性能要求不高的耐蚀构件，如热力设备中的锅炉燃烧室、高温过热区的吹灰器、吊架等。这类钢经退火或正火处理后使用。

3.4.3 奥氏体型不锈钢

奥氏体型不锈钢是应用最广的不锈钢，典型的是 18-8 型铬镍不锈钢。18-8 型铬镍不锈钢的含碳量很低（0.03%～0.22%），含铬量为 17%～19%，含镍量为 8%～12%。常用牌号为 0Cr19Ni9、0Cr18Ni9、1Cr18Ni9Ti、2Cr18Ni9、0Cr18Ni10NbN 等。奥氏体型不锈钢在固态下不发生相变，因而不能用淬火强化，强度、硬度低，无磁性。同马氏体型不锈钢相比，奥氏体型不锈钢除了具有更高的耐蚀性外，还具有高的塑性、韧性和较好的焊接性，适于各种冷加工变形。但这类钢切削加工性差、导热系数小、线膨胀系数大，在 400～800℃会出现晶间腐蚀（沿钢的晶粒边界进行的腐蚀）。这是因为在上述温度范围内，将沿奥氏体晶界析出铬的碳化物，使晶界附近的铬量低于 11.7%，因而该区便被腐蚀。钢的含碳量越高，晶间腐蚀倾向越大。防止晶间腐蚀的方法如下：

（1）降低钢的含碳量，使其不足以析出碳化物或析出甚微；

（2）加入与碳亲和力比铬大的钛或铌，使钢中优先形成钛或铌的碳化物而不形成铬的碳化物，避免出现贫铬区。

奥氏体型不锈钢广泛用于制造耐蚀的结构零件、容器及管道，如发电机水接头、紧固件、耐蚀容器及管道等。

3.4.4　双相不锈钢

双相不锈钢是近年发展起来的新型不锈钢，它的成分是在 18%～26%Cr、4%～7%Ni 的基础上，再根据不同用途加入锰、钼、硅等元素组合而成，如 0Cr26Ni5Mo2、1Cr18Ni11Si4A1Ti 等。双相不锈钢中由于奥氏体的存在，降低了高铬铁素体型钢的脆性，提高了焊接性、韧性，降低了晶粒长大的倾向；而铁素体的存在则提高了奥氏体型钢的屈服强度、抗晶间腐蚀的能力等。这类钢还节约了镍，可用于化工设备及管道、海水冷却的热交换器或冷凝器等。

3.4.5　沉淀硬化型不锈钢

沉淀硬化型不锈钢通过时效处理使细小弥散的第二相（金属化合物、富铜相）析出，产生沉淀硬化。沉淀硬化型不锈钢在保持相当的耐蚀性的同时，具有很高的强度（如 17-4PH 的抗拉强度为 1310MPa）和硬度、良好的可焊性和压力加工性。

典型的沉淀硬化型不锈钢钢种有马氏体沉淀硬化型不锈钢 0Cr17Ni4Cu4Nb（17-4PH）及奥氏体-马氏体沉淀硬化型不锈钢 0Cr17Ni7A1（17-7PH）、0Cr15Ni7Mo2（PH15-7Mo）等。

3.5　耐　磨　钢

在强烈冲击和磨损条件下工作并能抵抗冲击和磨损的钢称为耐磨钢。在火力发电厂中主要采用的耐磨钢为高锰钢和低合金耐磨钢。

3.5.1　高锰钢

高锰钢多用于火力发电厂球磨机衬板、钢球、中速辊式磨煤机辊套等。为了进一步提高高锰钢的耐磨性，在高锰钢中添加了铬、钼、钒、钛等元素；还有用降低一些含锰量，制作成中锰加铬、铝、钒、钛等元素的耐磨钢。加入合金元素后，既可以强化奥氏体基体，还能得到弥散分布的碳化物硬质点，因而提高了钢的强度、硬度和耐磨性。

3.5.2　低合金耐磨钢

目前，低合金耐磨钢主要有 45Mn2、45Mn2B、40CrMnSiMoRE、60Cr2MnSiRE 等，用以制造煤粉制备系统中的易磨损件。在冲击不大、压力较小的条件下，高锰钢的优越性得不到发挥，耐磨性并不高，可用低合金耐磨钢代替高锰钢制作易磨损的零部件。

3.6 耐 热 钢

耐热钢是指在高温下具有高的热稳定性及热强性的钢。热稳定性是指高温化学稳定性，即钢对各种介质高温化学腐蚀的抗力，特别是高温抗氧化性。热强性则表示钢在高温下的强度性能。火力发电厂热力设备的很多零部件长期处于高温、高压和腐蚀介质中，因此，这些零部件需用耐热钢制造。

按小截面试样正火后的金相组织，耐热钢可分为珠光体耐热钢、马氏体耐热钢、奥氏体耐热钢和铁素体耐热钢。

3.6.1 珠光体耐热钢

常用的 Cr-Mo 及 Cr-Mo-V 珠光体耐热钢有 15CrMo、34CrMo、10CrMo910、12Cr1MoV、35CrMoV、30Cr1Mo1V、17CrMo1V 等。在热力设备中，铬钼钢主要用于 500～510℃ 以下的蒸汽管道、联箱等零部件以及 540～550℃ 以下的锅炉受热面管子。而合金元素含量较高的中碳铬铝钢和铬铝钒钢，则主要用于 550℃ 以下的汽轮机主轴、叶轮、汽缸、隔板及高温螺栓。

3.6.2 马氏体耐热钢

钢在正火状态下其组织为马氏体或马氏体和铁素体，这类钢称为马氏体钢。应用最早的马氏体耐热钢是 Cr13 型钢，这类钢具有一定的热强性、良好的耐腐蚀性能、良好的减振性、低的线膨胀系数。1Cr13 和 2Cr13 既可作为不锈钢又可作为耐热钢使用。

1Cr13 和 2Cr13 的最高工作温度分别为 480℃ 和 450℃ 左右，可见，1Cr13 和 2Cr13 钢的热强性并不比某些珠光体耐热钢高。为了提高 Cr13 型钢的热强性，在此基础上添加钼、钨、钒、硼、铌等合金元素，发展成为强化的 Cr13 型（又称 Cr12 型）马氏体耐热钢，既保持了 Cr13 型钢的抗氧化、耐腐蚀及良好减振性的特点，又进一步提高了钢的热强性，如 1Cr11MoV、1Cr12WMoV、2Cr12NiMoWV（C-422）、1Cr12WMoNbVB 等。德国的 F11、F12 也属于 Cr12 型马氏体耐热钢。马氏体耐热钢主要用于制造汽轮机和燃气轮机叶片、围带等，一般都在回火索氏体状态下使用。

此外，4Cr9Si2、4Cr1OSi2Mo 等铬硅钢是另一类马氏体耐热钢，它们的含碳量为中碳。这类马氏体耐热钢具有良好的抗氧化和抗燃气腐蚀的性能，具有足够的高温强度和冲击韧性，常用于制作内燃机的气阀，故又称气阀钢。在锅炉中，4Cr95Si2 钢可用于制作过热器吊架。

3.6.3 奥氏体耐热钢

火力发电厂常用的奥氏体耐热钢有 18-8 型的 1Cr18Ni9Ti、1Cr18Ni9Mo 和 14-14-2 型的 4Cr14Ni14W2Mo、1Cr14Ni14W2MoTi 等铬镍奥氏体耐热钢。为了节约比较稀少的镍，我国研制的铬锰、铬锰氮奥氏体耐热钢如 1Mn17Cr7MoVNbBZr、1Mn18Cr10MoVB、

2Cr20Mn9Ni25Si2N 等已用于制作超高参数锅炉过热器、过热器吊架及其他耐热零件。

1Cr18Ni9Ti 可用于温度在 610℃ 以下的锅炉过热器、主蒸汽管等。随着不锈钢冶金工艺的发展，已经有用微碳不锈钢来代替用钛稳定的 18-8 型不锈钢的趋势。4Cr14Ni14W2Mo 具有更高的热强性和组织稳定性，常用于制造 650℃ 以下超高参数机组的过热器、主蒸汽管等。

0Cr18Ni11Nb（美国牌号 TP347H）具有良好的热强性和抗晶间腐蚀的能力，用于大型锅炉过热器、再热器及蒸汽管道。该钢已列入 GB 5310—2008《高压锅炉用无缝钢管》中（1Cr19Ni11Nb）。

0Cr19Ni9 钢（美国钢号 TP304H）也是各国通用的 18-8 型铬镍奥氏体耐热钢，钢的耐腐蚀性和焊接性良好，冷变形能力非常高，用于制造大型锅炉再热器、过热器及蒸汽管道。该钢也列入 GB 5310—2008《高压锅炉用无缝钢管》中（1Cr19Ni9）。2Cr20Mn9Ni2Si2N 钢抗氧化性能优良，可用于 900～1000℃ 过热器吊架及管夹等。

3.6.4　铁素体耐热钢

钢中加入较多的铬、硅、铝等铁素体形成元素，使钢具有单相铁素体组织，称为铁素体耐热钢，常用的有 1Cr18Si2、1Cr25Si2、1Cr25Ti 等。这类钢抗氧化和耐腐蚀性能好，但热强性较差，在高温下有晶粒长大的倾向，且脆性较大。所以，铁素体耐热钢实际上是抗氧化钢。这类钢不宜用来制作承受冲击载荷的零部件，只宜用于制造受力不大的构件，如锅炉吹灰器、过热器吊架等。

3.7　铸　铁

含碳量为 2.11%～6.69% 的铁碳合金叫铸铁。工业用铸铁的含碳量一般为 2.5%～4.0%，硅、锰、硫、磷等元素的含量也比碳钢多。

灰铸铁主要用来作不受冲击、承压且产生一定振动的床身、底座、工作台、轴承盖、油泵体、低压汽缸和中压缸中部材料等。

可锻铸铁适于制造一些形状复杂，受动载荷作用并要求强度、塑性和韧性较高的铸件，如管接头、低中压阀门、齿轮、连杆、各种电力金具、夹具等。

球墨铸铁在生产上获得了广泛应用，常用来制造受大载荷、冲击和耐磨损的重要零件，如发电机曲轴、连杆、齿轮、中压阀门、轴瓦、油泵体、活塞环、汽轮机的后汽缸、后几级隔板、球磨机衬板等零件，可在 370℃ 的工作温度下长期使用。

蠕墨铸铁广泛用来制造柴油机气缸盖、气缸套，电动机外壳、机座，机床床身，阀体等零件。

耐热铸铁的种类较多，有硅系、铝系、铝硅系及铬系。火力发电厂中常用硅系和铬系耐热铸铁，主要用于制造锅炉受热面吊架、喷燃器喷嘴、烟道挡板等。

耐磨铸铁是抵抗剧烈摩擦、磨损场合使用的铸铁。耐磨铸铁按其工作条件可分为两种类型：一种是用于制造在润滑条件下工作的耐磨件，如机床导轨、汽缸套、活塞环和滑动轴承等，这类铸铁在工作条件下摩擦系数越小越好；另一种是用于制作在无润滑的干摩擦条件下工作的耐磨件，如火力发电厂煤粉制备系统中的碎煤机、磨煤机中的零件，这类铸铁在工作条件下摩擦系数越大越好。前一种耐磨铸铁称为减摩铸铁，后一种耐磨铸铁称为抗磨铸铁。

耐蚀铸铁的主要优点是具有优良的耐腐蚀性能，生产中主要通过加入硅、铝、铬、镍、铜、铂等合金元素来提高铸铁的耐蚀性。因此，在火力发电厂中适用于制造蒸馏塔、耐酸管道、耐酸泵阀门等。

3.8 铝 合 金

电厂中常用的铝合金材料主要是变形铝合金和铸造铝合金。

火力发电厂中常用的变形铝合金主要是防锈铝合金和硬铝合金。防锈铝合金主要是 Al-Mg 或 Al-Mn 合金。防锈铝合金耐蚀性高，塑性、韧性及焊接性能好，具有比纯铝高的强度，在火力发电厂中常用于制作热交换器、管子、容器、壳体及铆钉等；而硬铝合金在火力发电厂中主要用于制作铆钉、冲压件及发电机离心式风扇叶片等。

与变形铝合金相比，铸造铝合金的力学性能不如变形铝合金，但其铸造性能好，可生产形状复杂的零件。铸造铝合金有 Al-Si 系、Al-Cu 系、Al-Mg 系、Al-Zn 系四大类，其中以 Al-Si 合金应用最广泛。铸造 Al-Si 合金一般用来制造轻质、耐蚀、形状复杂但强度要求不高的铸件，如汽轮机主油泵叶轮、各种电动机和仪表的外壳、活塞等。

3.9 铜 及 铜 合 金

按化学成分铜合金可分为黄铜、白铜及青铜三大类。黄铜是以锌为主要合金元素的铜合金；白铜是以镍为主要合金元素的铜合金，其含镍量低于 50%；青铜是以除锌和镍以外的其他元素作为主要合金元素的铜合金。

3.9.1 黄铜

按照化学成分，黄铜分为普通黄铜和特殊黄铜。普通黄铜是铜、锌二元合金。虽然普通黄铜不能进行热处理强化，但其强度比纯铜高，塑性、耐蚀性也比较好且价格较低，因此应用广泛，主要用于制作汽轮机凝汽器、冷油器管等。火力发电厂的凝汽器原来使用普通黄铜管，常发生脱锌现象（铜与锌的电极电位不同，锌的电极电位较低的缘故），因此，已由耐蚀性更好的特殊黄铜所代替。

3.9.2 白铜

按性能特点和用途，白铜可分为耐蚀结构用白铜和电工用白铜。

耐蚀结构用白铜以普通白铜为主。普通白铜的突出特点是在各种腐蚀介质如海水、有机酸和各种盐溶液中有高的化学稳定性，有优良的冷热加工工艺性，因而可用于制作耐蚀零件，如汽轮机凝汽器、海船用耐蚀零件等。在简单白铜中加入少量铁和锰不仅能细化晶粒和提高强度，还能显著改善耐蚀性。因此，含铁的复杂白铜如 BFe30-1-1 和 BFe10-1-1 铁白铜可用于制作海船及其他在强烈腐蚀介质中工作的零件。

电工用白铜以锰白铜为主，具有高的电阻、热电势和低的电阻温度系数。常用于制造电阻器、热电偶及其补偿导线等。

3.9.3 青铜

火力发电厂中常用的青铜包括锡青铜、铝青铜和铍青铜等。锡青铜的耐腐蚀性（如在大气、淡水、海水、水蒸气中）和耐磨性比黄铜好，且是良好的减摩材料，主要用于制作蒸汽锅炉、海船及其他机械设备的耐蚀、耐磨零件，如涡轮、齿轮、轴套、轴瓦、泵体、低压蒸汽管配件等；铝青铜主要用于制作承受较大载荷的耐磨、耐蚀、耐高温零件及弹性零件，如重要的弹簧、齿轮、涡轮、轴瓦、轴套、凝汽器管等，用海水作冷却水的火力发电厂试用铝青铜作凝汽器管已获成功；铍青铜不仅具有较高的强度、硬度、弹性极限和疲劳强度，而且还具有高的耐磨性、耐蚀性、导电性和导热性、耐寒性、抗磁性，受冲击时不产生火花。铍青铜可用于制造各种精密仪器、仪表的弹性元件，耐蚀、耐磨零件（如仪表中齿轮），电焊机电极等。但铍青铜生产时有毒，生产工艺较复杂，因此在应用上受到一定的限制。

3.10 钛及钛合金

钛具有优良的耐腐蚀性。由于钛的表面能形成一层致密的氧化膜，因此，在大气、淡水、海水、高温气体（550℃ 以下）及中性、氧化性等介质中有较高的耐蚀性；在硫酸、盐酸、硝酸、氢氧化钠等介质中都很稳定，但不能抵抗氢氟酸的侵蚀。

工业纯钛强度高，塑性较好，耐蚀性良好，在海水中的耐蚀性与不锈钢及镍基合金相近，可用于制造火力发电厂凝汽器管、汽轮机长叶片等零件。

3.11 轴承合金

滑动轴承一般由轴承体和轴瓦构成。为了提高轴瓦的强度和耐磨性，往往在轴瓦的内侧浇铸或轧制一层耐磨合金，形成一层均匀的内衬。用来制造滑动轴承中的轴瓦及其内衬的合金称为轴承合金。常用的轴承合金有锡基轴承合金、铅基轴承合金（这两种通常称为巴氏合金或乌金）、铜基轴承合金、铝基轴承合金等。

3.11.1 锡基轴承合金

锡基轴承合金是以锡为基础，加入少量锑、铜所组成的合金。火力发电厂设备中最常用的锡基轴承合金是 ZSnSb11Cu6。显微组织中白色块状物是硬质点 SnSb 化合物，针状或粒状物为 Cu3Sn 化合物，其余为软基体（锑在锡中的固溶体）。锡基轴承合金的特点是具有小的线膨胀系数，较好的嵌藏性和减摩性；此外，还具有良好的韧性、导热性和耐蚀性，能承受较大的冲击力。其缺点主要是疲劳强度较低，热强性较差；使用温度在超过 100℃ 时，强度、硬度约降低 50%。由于锡较稀少，故这种轴承合金价最贵。锡基轴承合金主要用于制作汽轮机、发电机等高速重载机械的轴承。

3.11.2 铅基轴承合金

铅基轴承合金是以铅为基础，加入适量锑、锡、铜等合金元素组成的合金。火力发电厂设备中最常用的铅基轴承合金为 ZPbSb16Sn16Cu2，即为含锑 16%、含锡 16%、含铜 2% 的铅基轴承合金。这种合金的强度、硬度、耐磨性以及冲击韧性均比锡基轴承合金低，也较易受腐蚀，但价格低廉，工业上应用较广。在电厂中，常用于泵、风机、磨煤机、电动机等低速度和低、中负荷设备的，温度不超过 120℃ 的轴承。

3.11.3 铜基轴承合金

铜基轴承合金主要是指各类青铜，如锡青铜、铅青铜、铝青铜等。电厂设备中常用的是锡青铜和铅青铜，常用牌号有 ZCuSn10Pl、ZCuPb30 等。锡青铜的组织由软基体及硬质点构成，能承受较大的载荷，广泛用于制作中等速度及受较大载荷的轴承，如电动机、泵等设备的轴承。铅青铜是以铅为主加元素的铜基合金。铅不溶于铜，而成为独立的软质点均匀分布在硬的铜基体上。铅青铜具有优良的减摩性、高的疲劳强度和导热性，工作温度可达 320℃，可作为汽轮机、柴油机等高负荷、高转速机械设备的轴承材料。

3.11.4 铝基轴承合金

铝基轴承合金是一种新型减摩材料，具有密度小、导热性好、疲劳强度高和耐蚀性好等优点，并且原料丰富，价格低廉。但其膨胀系数大，抗咬合性不如巴氏合金。我国已逐步推广使用其来代替巴氏合金与铜基轴承合金。常用的铝基轴承合金是以铝为基体、锡为主加元素所组成的合金。其组织为硬基体上分布着软的质点。铝基轴承合金适于制造高速重载机械的轴承。

3.12 常用材料主要应用范围

3.12.1 蒸汽管道、联箱和锅炉受热面钢管

蒸汽管道、联箱和锅炉受热面钢管对金属材料的要求为具有足够的蠕变强度、持久强度、持久塑性和抗氧化性能，在高温下、长期运行过程中，组织性能稳定性良好。具有良好的冷、热加工工艺性能和焊接性能，良好的抗热疲劳性能和耐磨损性能。

蒸汽管道、联箱和锅炉受热面钢管常用钢钢号、特性及其主要应用范围见表 3-1。

表 3-1   蒸汽管道、联箱和锅炉受热面钢管常用钢钢号、特性及其主要应用范围

钢号	技术条件	特 性	主要应用范围
20（20G）	GB/T 699—1999《优质碳素结构钢》GB 5310—2008	具有良好的工艺性能，在 530℃以下具有满意的抗氧化性能，但在 470～480℃高温下长期运行过程中，会发生珠光体球化和石墨化。当 HB＝137～174 时，相对加工性为 65%；无回火脆性	壁温≤425℃的蒸汽管道、联箱，壁温≤450℃的受热面管子及省煤器管等
15MoG（15Mo3、16Mo）	GB 5310—2008	是成分最简单的低合金热强钢，其热强性和腐蚀稳定性优于碳素钢，而工艺性能仍与碳素钢大致相同。存在的主要问题是，在 500～550℃长期运行时有产生珠光体球化和石墨化倾向，随其发展会导致钢的蠕变强度和持久强度降低，甚至会导致钢管的脆性断裂。焊接性能良好，焊前需预热，焊后需热处理	壁温≤500℃的蒸汽管道，壁温≤530℃的过热器管
12CrMoG	GB 5310—2008	属低合金耐热钢，在 480～540℃下具有足够的热强性和组织稳定性，综合性能良好，无热脆性现象	壁温≤510℃的蒸汽管道，壁温≤540℃的受热面管子
15CrMoG	GB 5310—2008	正火后的组织为铁素体、贝氏体和部分马氏体，正火、回火后的组织为铁素体、贝氏体和回火马氏体，其冷加工性能和焊接性能良好，无石墨化倾向。在 520℃以下，具有较高的持久强度和良好的抗氧化性能，但超过 550℃以后，蠕变极限将显著降低。长期在 500～550℃运行，会发生珠光体球化，使强度下降	壁温≤510℃的蒸汽管道、联箱，壁温≤540℃的受热面管子
12CrMoV	GB/T 3077—1999	在铬钼钢中加入少量的钒，从而可阻止钢在高温下长期使用过程中合金元素钼向碳化物中的转移，提高钢的组织稳定性和热强性。与 12Cr1MoV 钢相比，钢中的含铬量较低，但在 550℃以下，对力学性能和热强性影响不大，而在高于 550℃时，其性能低于 12Cr1MoV 钢	壁温≤540℃的蒸汽管道，壁温≤570℃的过热器管等
12Cr1MoVG	GB 5310—2008	属珠光体热强钢。由于钢中加入了少量的钒，可以降低合金元素（如钼、铬）由铁素体向碳化物中转移的速度，弥散分布的钒的碳化物可以强化铁素体基体。该钢在 580℃时仍具有高的热强性和抗氧化性能，并具有高的持久塑性。工艺性能和焊接性能较好，但对热处理规范的敏感性较大，常出现冲击韧性不均匀现象。在 500～700℃回火时，具有回火脆性现象；长期在高温下运行，会出现珠光体球化以及合金元素向碳化物转移，使热强性能下降	壁温≤570℃的受热面管子，壁温≤555℃的联箱和蒸汽管道等
15Cr1Mo1V（15X1M1Φ）		前苏联钢号。与 12Cr1MoV 钢相比，含钼量有所提高，故热强性能稍高，在 450～550℃，持久强度比 12Cr1MoV 钢高 19.6MPa，570℃时高 9.8MPa，但持久塑性稍低于 12Cr1MoV 钢。该钢在 570℃以下长期使用时，组织稳定，且具有良好的抗氧化性能。焊接性能与 12Cr1MoV 钢相当。存在的问题是有些炉号的冲击值低于标准要求，且钢中含有 0.013%～0.08%的残铝，对钢的热强性能会有不利影响	壁温≤580℃的蒸汽管道和联箱

续表

钢号	技术条件	特　　性	主要应用范围
12Cr2MoG	GB 5310—2008	正火后的组织为贝氏体加少量的马氏体,有时有少量铁素体。长期在高温下运行,将会出现碳化物从铁素体基体中析出并聚集长大现象。500℃的蠕变试验结果表明,在蠕变第一阶段结束时,总伸长率约为0.2%;550℃及其以上温度,总伸长率为1%~2%;钢的持久塑性比较好	壁温≤580℃的过热器管、再热器管,壁温≤570℃的蒸汽管道、联箱
12Cr2MoWVTiB（钢102）	GB 5310—2008	属贝氏体低合金热强钢。经正火加回火处理后的组织为贝氏体,具有良好的综合力学性能、工艺性能和相当高的持久强度,抗氧化性能较好;组织稳定性好,于620℃经5000h时效后,力学性能无明显变化。用于代替高合金奥氏体铬镍钢	壁温≤600℃的过热器管和再热器管
12Cr3MoVSiTiB（П-11）	GB 5310—2008	属贝氏体热强钢。在600℃有足够高的持久强度和抗氧化性能,无热脆倾向,组织稳定性好。回火后冷却速度对钢的性能无明显影响,但回火温度超过710℃以后,持久强度将明显下降。为保证该钢有较好的高温性能,回火温度不宜过高。该钢工艺性能稍差	壁温≤600℃的过热器管和再热器管
15NiCuMoNb5（WB36）		15NiCuMoNb5（WB36）为德国梯生钢厂、曼内斯曼钢厂和日本住友金属株式会社生产的Ni-Cu-Mo低合金钢。由于钢中含有Cu,所以提高了钢的抗腐蚀性能。该钢具有较高的强度,室温抗拉强度可达610MPa以上,屈服强度≥440MPa,比20钢高40%,用于锅炉给水管道,可使管壁厚度减薄,从而有利于加工、制造、安装和运行。通常含Cu钢具有红脆性,但由于该钢中加入了较多的Ni,从而消除了红脆性。该钢的焊接性能良好,但不适合冷成形加工	壁温≤500℃的大口径(76~660mm)锅炉用厚壁钢管、联箱、锅筒、压力容器等
X20CrMoV121（F12）		属12%铬型马氏体热强钢,具有良好的耐热性能,在空气和蒸汽中抗氧化能力可达700℃,但工艺性能较差,在锻造轧制和焊接时易产生裂纹。钢的热强性能低于钢102和П-11钢	壁温540~560℃的联箱和蒸汽管道,以及壁温达610℃的过热器管和壁温达650℃的再热器管
10Cr5MoWVTiB（G106）		属中铬贝氏体钢。具有良好的抗氧化性能、耐腐蚀性和组织稳定性。热强性能较高,且工艺性能良好	壁温为630~650℃的再热器管
1Cr9Mo1		属马氏体型耐热钢。由于钢中含铬量较高,因此抗氧化和抗腐蚀性能优于低合金钢,但钢的热强性能低于2.25Cr-1Mo、12Cr1MoV钢等。焊接性能差,具有空淬现象	壁温≤650℃的再热器管
1Cr9Mo2（HCM9M）		HCM9M是9Cr-2Mo型铁素体钢,是日本三菱重工和住友金属株式会社联合研制的。该钢具有高的抗氧化和抗高温蒸汽腐蚀性能,并具有更高的热强性和组织稳定性	壁温≤620℃的亚临界、超临界锅炉过热器管、再热器管、联箱和导汽管
10Cr9Mo1VNb（T91、P91）	GB 5310—2008	是美国在9Cr-1Mo钢基础上添加微量V、Nb,调整Si、Ni和Al添加量后形成的超9Cr钢。该钢的高温强度优异,在550℃以上,其设计许用应力为T9和2.25Cr-1Mo钢的两倍。与1Cr19Ni9相比,其等强(持久强度)温度为625℃,抗氧化和抗蒸汽腐蚀性能与9Cr-1Mo钢相当	用于亚临界、超临界锅炉壁温达650℃的过热器管和再热器管,壁温为600℃以下的联箱和蒸汽管道

续表

钢号	技术条件	特　性	主要应用范围
1Mn17Cr7Mo VNbBZr（17-7MoV）		属锰铬型奥氏体热强钢，由于用钼、钒、硼、铌和锆进行综合强化，具有较高的热强性和抗氧化性；时效稳定性良好，于 650℃时效 8500h 后的冲击韧性值仍保持在 127.4J/cm² 以上，在奥氏体基体上的碳化物颗粒呈均匀弥散分布，未出现 σ 相。该钢的焊接性能和工艺性能良好。钢中所含锆元素为我国稀有	壁温≤680℃的过热器管、再热器管、蒸汽管道和联箱
1Cr18Ni9（304）	GB 5310—2008	属各国通用的 18-8 型铬镍奥氏体不锈热强钢。钢的热强性能、耐腐蚀性能和焊接性能良好，冷变形能力非常高	大型锅炉的再热器管、过热器管及蒸汽管道。用于锅炉管的允许抗氧化温度为 705℃
0Cr17Ni12Mo2（316）TP316H	GB 13296—2013《锅炉、热交换器用不锈钢无缝钢管》	属各国通用的奥氏体不锈热强钢。由于钢中含有 2%～3%的钼元素，对各种无机酸、有机酸、碱、盐类的耐腐蚀性和耐点蚀性显著提高。在高温下具有较高的蠕变强度	大型锅炉的再热器管、过热器管及蒸汽管道。用于锅炉管的允许抗氧化温度为 705℃
0Cr18Ni11Ti（321）	GB 5310—2008	属用钛稳定的铬镍奥氏体不锈热强钢。与 1Cr18Ni9Ti 钢相比，由于含有较多的镍，因此，奥氏体组织较稳定，并具有较高的热强性能和持久断裂塑性	大型锅炉的再热器管、过热器管及蒸汽管道。用于锅炉管的允许抗氧化温度为 705℃
1Cr19Ni11Nb（347）	GB 5310—2008 GB 13296—2013	属用铌稳定的铬镍奥氏体不锈热强钢。该钢具有良好的耐腐蚀性能和焊接性能。热强性能高于 18-8 型 TP304H 钢。在碱、海水和很多种酸中都有很好的耐腐蚀性	大型锅炉的再热器管、过热器管及蒸汽管道。用于锅炉管的允许抗氧化温度为 705℃

3.12.2　锅炉汽包

锅炉汽包对金属材料的要求为对于低、中压锅炉汽包，通常采用屈服强度等级为 250～350MPa 的钢种；而对于高压、超高压及亚临界锅炉汽包，通常采用屈服强度为 400MPa 或更高强度级别钢种；对于启停频繁、特别是承担调峰任务的锅炉，为防止产生低循环疲劳损伤，应选用屈强比不是太高、缺口敏感性低、抗疲劳性能良好的钢种。

为防止发生低应力脆性破坏，金属材料应具有良好的冲击韧性、高的断裂韧性和较低的时效敏感性，且脆性转变温度较低。应具有一定的抗汽水腐蚀破坏的能力。应具有良好的塑性、冷变形性能及焊接性能。

锅炉汽包常用钢钢号、特性及其主要应用范围见表 3-2。

表 3-2　　　　　　　　锅炉汽包常用钢钢号、特性及其主要应用范围

钢号	技术条件	特　性	主要应用范围
20g、22g	GB 713—2008《锅炉和压力容器用钢板》YB（T）-41—1987《锅炉用碳素钢及低合金钢厚钢板》	塑性、韧性及焊接性能均较好，但对应变时效较为敏感，强度不高，属245MPa 强度级别的锅炉钢板，用这种钢制造的锅筒壁厚较厚。该钢板以热轧状态交货，必要时可进行 890～920℃正火处理	低、中压锅炉汽包

钢号	技术条件	特 性	主要应用范围
12Mng	GB 713—2008	在热轧状态和正火状态下的各种性能均能满足低压锅炉汽包对钢材性能的要求，而且焊接性能良好，厚度小于16mm的钢板，焊前不预热。该钢属屈服强度为294MPa级别的普通低合金钢。用于代替20g钢可节约金属约17%，一般情况下，钢板以热轧状态交货，必要时可进行900～920℃正火处理	工作压力≤5.9MPa的低、中压锅炉汽包
16Mng	GB 713—2008	具有良好的综合力学性能、工艺性能和焊接性能，属屈服强度为343MPa级别的普通低合金钢；缺口敏感性比碳钢大，疲劳强度较低。一般情况下，钢板以热轧状态交货，必要时可进行900～920℃正火处理。经正火处理后可显著提高韧性，并降低脆性转变温度	工作压力≤5.9MPa的低、中压锅炉汽包
19Mn5、19Mn6		德国钢号，属屈服强度为300MPa级别的碳锰钢，冶炼、热加工性能及焊接性能均良好，断裂韧性和低循环疲劳性能也较好，有利于降低低应力脆断的危险性。钢板的正火温度为890～950℃，消除应力退火温度为520～580℃	中、高压锅炉汽包
SA299		美国钢号。该钢的化学成分和屈服强度级别与16Mng和19Mn5钢相似，但钢中含碳量更高，其低循环疲劳性能略低于19Mn5钢。该钢的力学性能比较稳定。厚度方向的力学性能较均匀，高温抗拉强度较高，冲击韧性较好，如不含有太多的MnS夹杂，层状撕裂敏感性也不高，脆性转变温度低于−30℃，无塑性转变温度NDT约为−15℃。焊接工艺较简单，焊前预热温度低（150℃），焊接接头性能好	高压、超高压亚临界锅炉汽包。由美国引进的300、600MW机组锅炉汽包均使用该种钢
15MnVg	GB 713—2008	属屈服强度为392MPa级别的普通低合金钢。该钢在热轧状态下具有良好的综合力学性能及焊接性能，但缺口敏感性和时效敏感性较大。与16Mng钢相比，冷脆倾向稍大。为改善钢的韧性，降低脆性转变温度，应进行940～980℃正火，600～650℃消除应力退火	低、中压锅炉汽包
14MnMoVg	GB 713—2008	属屈服强度为490MPa级别的普通低合金钢。由于钢中加入了0.5%的钼和少量的钒，使屈服强度提高，特别适合生产厚度在60mm以上的厚钢板。该钢具有良好的综合力学性能，但对热处理工艺较为敏感，尤其对冲击韧性和延伸率影响较大。大于60mm厚钢板在热轧状态下的塑性和韧性较差，特别是低温及时效后的冲击值不稳定，故不宜在热轧状态下使用。一般在正火加高温回火状态下使用，正火温度为（970±10）℃，回火温度为630～660℃。使用中也可以采用调质处理，这时，钢的强韧性都会有很大程度的改善。生产中应防止产生白点和夹层缺陷	高压锅炉汽包

续表

钢号	技术条件	特　性	主要应用范围
18MnMoNbg	GB 713—2008《锅炉和压力容器用钢板》YB（T）41—1987《锅炉用碳素钢及低合金钢厚钢板》	属屈服强度为490MPa级别的低合金钢。该钢的热强性能较好，屈强比较高，焊性好。但正火加回火状态下的力学性能不够稳定，与14MnMoVg钢相比，常出现强度、塑性、韧性不能同时满足技术条件要求的情况。钢板经调质处理后屈服强度将显著提高，更能发挥材料潜力。 大锻件及特厚钢板有白点倾向，故钢坯应缓冷。大锻件塑性和韧性由表面向中心逐渐降低。有一定的淬硬倾向，焊前须经200～250℃预热，焊后应采取后热去氢措施	高压锅炉汽包
13MnNiMo54（BHW35）13MnNiMoNb		为德国钢号。属屈服强度为392MPa级别的含锰、镍、钼强韧性配合良好的低合金钢。由于合金元素设计合理，钢的组织稳定，并具有良好的综合力学性能和工艺性能。一般该钢在正火加高温回火状态下使用，正火温度为890～950℃，回火温度为580～690℃。正火组织为贝氏体加铁素体，回火组织为回火贝氏体加铁素体，故该钢又可称为低合金贝氏体钢。 与BHW35相应的国产钢号为13MnNiMoNb，是在调整BHW35钢中镍、铌含量的基础上研制成功的，其各项性能指标均已达到BHW35钢水平	高压、超高压及亚临界锅炉锅筒

3.12.3　锅炉受热面固定件和吹灰器

锅炉受热面固定件和吹灰器对金属材料的要求为锅炉受热面固定件用金属材料应具有较高的抗氧化性，并具有一定的热强性能和较好的耐蚀性、工艺性能。吹灰器用金属材料应具有高的抗氧化性能、良好的抗腐蚀性能和较高的高温强度。

锅炉受热面固定件和吹灰器常用钢钢号、特性及其主要应用范围见表3-3。

表3-3　　锅炉受热面固定件和吹灰器常用钢钢号、特性及其主要应用范围

钢号	技术条件	特　性	主要应用范围
1Cr5Mo	GB/T 1220—2007《不锈钢棒》GB/T 1221—2007《耐热钢棒》	属马氏体型耐热钢，热强性能不高。550℃以下，在含硫的氧化性气氛中和热石油介质中，具有良好的耐热性和耐蚀性；可焊性差，焊后应缓冷，并经850℃高温回火，用以改善焊缝性能；钢在650℃以上开始剧烈氧化，但仍有一定的热强性	≤650℃的锅炉吊架
1Cr6Si2Mo		属马氏体型耐热钢，在800℃有较好的抗氧化性。与1Cr5Mo钢相比，含Si量多1.5%，使钢的回火脆性倾向增大，零件在高温下长时间工作时会产生脆性破断；在含硫的氧化性气氛中和热石油介质中抗腐蚀性能很好，经正火、回火热处理后有较高的持久强度和蠕变强度；有空淬现象，热加工后，如冷却过快，会发生裂纹，应缓冷。可焊性差，可采用电焊，不宜气焊，焊前须预热到300～400℃，焊后进行750℃回火处理	工作温度≤700℃的锅炉吊架及省煤器管夹

续表

钢号	技术条件	特　　性	主要应用范围
4Cr9Si2	GB/T 1220—2007	属马氏体型耐热钢。在 800℃以下有良好的抗氧化性；低于 650℃有较高的热稳定性和热强性；可焊性差，小截面零件经较高温度预热后可进行焊接，焊后需进行退火或调质处理	工作温度≤800℃的锅炉吊架
1Cr25Ti	GB/T 1220—2007	属铁素体型不锈耐酸钢；在 700~800℃空冷状态下具有良好的抗晶间腐蚀性，在 1000℃左右耐热不起皮，具有良好的抗氧化性；塑性和韧性好，但强度较低，热脆性倾向大，长期运行后韧性很快降低，因此，运行中不宜受冲击载荷；焊接性能较差	工作温度≤1000℃的锅炉吊架及吹灰器
1Cr20Ni14Si2 1Cr25Ni20Si2	GB/T 1220—2007	都是 Cr-Ni 奥氏体型耐热钢。1Cr20Ni14Si2 钢的最高抗氧化使用温度为 1000℃，其氧化腐蚀率：900℃时为 0.1mm/年，1100℃时为 1.1mm/年。由于 1Cr25Ni20Si2 钢 Cr、Ni 含量比 1Cr20Ni14Si2 钢高，抗氧化性更好，最高抗氧化使用温度达 1100℃，且抗疲劳性能较好，组织稳定。1Cr20Ni14Si2 钢在 600~800℃有析出 σ 相的脆化倾向，可焊性较好	工作温度为1000~1100℃的锅炉吊架、夹马
3Cr18Mn12Si2N	GB/T 1220—2007	属 Cr-Mn-N 系奥氏体型耐热钢，具有较好的抗氧化性、抗硫腐蚀和抗渗碳性；有时效脆性倾向，但时效后，在高温下仍有较高的韧性。室温和高温性能优于 1Cr20Ni14Si2 钢	工作温度≤950℃的锅炉吊架和夹马
2Cr20Mn9Ni2Si2N	GB/T 1220—2007	属 Cr-Mn-Ni-N 系奥氏体型耐热钢；具有较好的高温强度和高温塑性、良好的抗氧化性、抗渗碳性和耐急冷急热的热疲劳性能，在融盐中也有较好的耐蚀性，可焊性好，焊接裂纹敏感性小，可用各种焊接方法进行焊接，焊前不需要预热，焊后不需要进行热处理；有冷加工硬化倾向；在 700~800℃时，由于析出碳化物和 σ 相，会使冲击值明显下降	工作温度≤1000℃的锅炉吊架
2Mn18A15 SiMoTi		属 Fe-Al-Mn 系双相型耐热钢。在 850℃具有良好的抗氧化性，在含硫气氛中有较好的耐蚀性。与常用的高铬铁素体型耐热钢相比，有较高的组织稳定性和较小的时效脆性倾向。厚度≤6mm 的扁钢，可进行冷冲压成型、冷剪；厚度≥6mm 的扁钢，应该用热冲压成型。焊接性能尚可，焊前可不预热	工作温度≤850℃的锅炉吊架

3.12.4　汽轮机主轴、转子体、轮盘和叶轮及汽轮发电机转子和无磁性护环

汽轮机主轴、转子体、轮盘和叶轮及汽轮发电机转子和无磁性护环对金属材料的要求为具有强度高、塑性和韧性良好的综合力学性能；具有较高的蠕变强度、持久强度，且长期组织稳定性好；具有较高的断裂韧性，且脆性转变温度低，抗疲劳性能好；具有良好的抗氧化和抗高温蒸汽腐蚀的能力。

汽轮机主轴、转子体、轮盘和叶轮及汽轮发电机转子和无磁性护环常用钢钢号、特性及其主要应用范围见表 3-4。

表 3-4　　汽轮机主轴、转子体、轮盘和叶轮及汽轮发电机转子和无磁性护环

常用钢钢号、特性及其主要应用范围

钢号	技术条件	特　性	主要应用范围
35、40、45	GB/T 699—1999	强度较低。可进行调质处理，但淬透性低。优质钢的硫、磷含量低，脱氧好，有良好的塑性和韧性。焊接性尚可	用于中压以下、强度级别为 280MPa、温度≤400℃的汽轮机主轴或汽轮发电机转子
35SiMn	JB/T 7030 — 2002《300MW~600MW 汽轮发电机无磁性护环锻件技术条件》	具有较好的淬透性、良好的韧性、较高的强度，疲劳强度也较好，但有一定的过热敏感性及回火脆性倾向，并有白点敏感性。冶炼时易于污染非金属夹杂物，造成热加工工艺上的困难。与 40Cr 钢相比，除低温冲击韧性稍差、缺口敏感性较高外，其他力学性能相当	用于工作温度≤400℃的汽轮机主轴、轮毂厚度为 170mm 以下的叶轮、汽轮发电机中心环等
35CrMo 34CrMo1A 34CrMo1E	JB/T 7030—2002 JB/T 1265 — 2002《25MW~200MW 汽轮机转子体和主轴锻件技术条件》 JB/T 1266 — 2002《25MW~200MW 汽轮机轮盘及叶轮锻件技术条件》 JB/T 1267 — 2002《50~200MW 汽轮发电机转子锻件技术条件》	强度较高、韧性好，有较好的淬透性，冷变形性中等，切削性能尚可。在高温下有高的蠕变强度和持久强度，长期使用组织比较稳定。焊接时需预热，预热温度为 150~400℃。34CrMo1 钢由于提高了 Mo 含量，更适于生产大型锻件	35CrMo 用于工作温度为 480℃以下的汽轮机主轴和叶轮 34CrMo1 用于 294MPa 强度级别的汽轮发电机转子和 50MW 以下汽轮机主轴及转子
24CrMoV 35CrMoV	JB/T 7030—2002 JB/T 1266—2002	两种钢的强度均较高，淬透性也较好。但强度偏高时，其冲击韧性往往偏低，需要严格控制化学成分和热处理工艺。24CrMoV 钢的工艺性能不如 35CrMoV 钢。35CrMoV 钢有时会出现冲击韧性不稳定的现象，热处理时如果采用水、油淬火，对提高冲击韧性有较好的效果；在 550℃时，蠕变强度和持久强度均超过 34CrMo，但经 5000h 时效后，其力学性能急剧下降，因此使用温度不得超过 500~520℃；焊接性能差，焊前预热温度为 300℃以上	24CrMoV 钢用作直径小于 500mm、在 450~500℃下工作的叶轮、转子和主轴 35CrMoV 钢用作在 500~520℃以下工作的转子、叶轮及发电机环锻件
30Cr1Mo1VE	JB/T 1265—2002 JB/T 7027 — 2002《300MW 以上汽轮机转子体锻件技术条件》	是国外在大型汽轮机组中应用最广泛的高、中压转子钢；具有较好的热强性和淬透性，有良好的综合力学性能，切削加工性良好，锻造工艺性能也较好，抗腐蚀性和抗氧化性尚可	用作工作温度在 540℃以下的汽轮机高、中压转子
27Cr2MoV（30Cr2MoV）		该钢属珠光体热强钢；具有较高的强度和韧性，在 500℃及 550℃下长期保温仍有良好的塑性，组织稳定性较好，室温冲击值变化很小；工艺性能不够稳定，浇注及锻造工艺性能较差，锻造时易产生裂纹，可以进行氮化处理	用作工作温度为 535~550℃的汽轮机整锻转子和叶轮
28CrNiMoVE	JB/T 1265—2002	具有较高的蠕变强度和持久强度、一定的持久塑性和组织稳定性、良好的室温力学性能及均匀的组织、较好的工艺性能及抗脆性破坏能力；高温性能稍低于 27Cr2MoV 钢	用作蒸汽参数为 500~540℃、9.8~15.7MPa 的汽轮机高、中压转子

钢号	技术条件	特　性	主要应用范围
17CrMo1V		有较高的热强性，综合性能较好；合金元素含量较高，工艺性能良好；是条件性可焊接钢，焊前要预热，焊后要立即进行高温回火。为防止焊接裂纹及焊接引起的脆性，应尽量减少钢中的硫、磷含量	用作工作温度为 520℃ 以下的汽轮机低压焊接转子及压气机转子
25Cr2NiMoV		属贝氏体类型钢。与 17CrMo1V 钢相比；强度高，淬透性好，脆性转变温度低；有较好的焊接性能，冶炼、锻造及热处理工艺性能良好，但对回火温度及回火时间较敏感	用作汽轮机低压焊接转子及压气机转子
34CrNi1Mo 34CrNi2Mo 34CrNi3MoE	JB/T 1265—2002 JB/T 1266—2002 JB/T 1267—2002	是大截面高强度钢，淬透性好，综合性能良好。回火稳定性好，回火温度范围较宽（540～660℃），有利于调整强度和韧性。冷热加工工艺性能良好；限制在 400℃ 以下使用，当温度达到 400～450℃ 时，力学性能急剧下降，超过 450℃ 时久强度和蠕变强度都很低。由于含碳量较高，钢的裂纹敏感性和白点敏感性大	用作工作温度为 400℃ 以下的汽轮机及汽轮发电动机转子和叶轮
25CrNi3MoV 25Cr2Ni4MoV 30Cr2Ni4MoVE	JB/T 1265—2002 JB/T 1266—2002 JB/T 7027—2002 JB/T 7178—93	与 34CrNi3Mo 钢相比，C 含量低，合金元素含量增加，并严格控制杂质元素，提高了导磁性能，增加了淬透性，综合性能好，脆性转变温度低。但具有回火脆性。这主要与杂质元素 P、Sn、As 等含量有关，脆化温度范围大致为 350℃～575℃	用于制造大功率汽轮机低压转子和汽轮发电机转子。已用于制造 300MW 机组低压转子、600MW 机组整锻低压转子和汽轮发电机转子
20Cr3MoWV	JB/T 7030—2002	具有较高的热强性能和抗松弛性能。在 550～600℃ 长期载荷作用下，具有较高的热稳定性和持久塑性	用于工作温度在 550℃ 以下的汽轮机转子及叶轮
33Cr3MoWV		淬透性高，无回火脆性倾向。白点敏感性和缺口敏感性较 34CrNi3Mo 钢低。采用水淬油冷工艺，金相组织细密均匀，其性能良好。厚度大于 400mm 的锻件，应严格控制锻造温度和变形量，以免因过热而影响冲击性能	用于工作温度在 450℃ 以下、截面厚度＜450mm 的汽轮机转子和叶轮
18Cr2MnMoB		是不含镍、含铬较低的大锻件用钢。钢的淬透性高，大截面上强度性能均匀，并有较好的锻造、焊接和切削加工等工艺性能。要求强度很高时，应将碳、铬和锰含量控制在上限。与相同强度等级钢相比，使用合金元素少，成本低	用于工作温度在 450℃ 以下、轮毂厚度＞300mm 的叶轮，直径＞500mm 的汽轮机主轴和转子
40Mn18Cr4 40Mn18Cr4V 50Mn18Cr5 50Mn18Cr5N 50Mn18Cr4WN	JB/T 1268 — 2002 《50MW～200MW 汽轮发电机无磁性护环锻件技术条件》	均为锰、铬系无磁性奥氏体钢，屈服强度较低。钢中 W、N 起强化作用，加 N 能扩大和稳定奥氏体，加 W 可使碳化物沉淀较慢，利于强化操作。强化方法有半热锻、冷锻、冷扩孔或爆炸等加工硬化方法。加 V 的钢可在固溶处理后，采用人工时效的方法，通过沉淀硬化来提高强度	用作汽轮发电机无磁性护环
50Mn18Cr5Mo3 VN		该钢是在 50Mn18Cr5 钢基础上发展起来的。采用变形强化和沉淀时效强化的复合强化，使屈服强度＞981MPa，而塑性仍保持在较高水平	用作屈服强度＞981MPa 的汽轮发电机无磁性护环
1Mn18Cr18N	JB/T 1268—2002 JB/T 7030—2002	与 18Mn-5Cr 护环钢相比，具有更好的抗应力腐蚀能力，更高的强度、塑性、冲击韧性、断裂韧性和抗疲劳性能。其主要缺点是高的屈强比和高温强度衰减性	用作汽轮发电机无磁性护环

3.12.5 汽轮机叶片

汽轮机叶片对金属材料的要求为具有较高的强度、塑性、韧性和热强性能。对于工作温度小于或等于 400℃的叶片，以室温和瞬时高温力学性能为主；对于在 400℃以上区域工作的叶片，除室温力学性能外，还应具有较高的持久强度、蠕变强度及持久塑性，且组织性能稳定性好，持久缺口敏感性低。具有良好的减振性、耐蚀性，且抗腐蚀疲劳和抗腐蚀性热疲劳性能好，以防发生疲劳破坏。处于湿蒸汽区工作的叶片宜采用耐蚀性好的不锈钢制造，或采用非不锈钢而予以适当的表面保护处理。耐磨性能好，特别是承受水滴冲刷磨损的后几级叶片。

汽轮机叶片常用钢钢号、特性及其主要应用范围见表 3-5。

表 3-5   汽轮机叶片常用钢钢号、特性及其主要应用范围

钢号	技术条件	特 性	主要应用范围
25Mn2V		是以锰为主要合金元素的合金结构钢。经调质处理后，强度、塑性和韧性均比较好，低温冲击值也比较高。钢中合金元素较少，符合我国资源情况，可作为低碳镍钢的代用钢	用于工作温度<450℃的中温、中压汽轮机压力级各级动叶片和隔板叶片
20CrMo	JB/T 7030—2002	是广泛应用的铬钼结构钢，具有良好的力学性能和工艺性能。在 520℃以下具有良好的高温持久性能。焊接性能尚好，作为叶片使用时，表面采取适当的防护措施，更有利于运行	用作中压 125MW 以下汽轮机压力级叶片
24CrMoV		钢的强度较高，淬透性也较好。但强度偏高时，其冲击韧性往往偏低，需要严格控制化学成分和热处理工艺。24CrMoV 钢的工艺性能不如 35CrMoV 钢。35CrMoV 钢有时会出现冲击韧性不稳定的现象，热处理时如果采用水、油淬火，对提高冲击韧性有较好的效果；在 550℃时，蠕变强度和持久强度均超过 34CrMo，但经 5000h 时效后，其力学性能急剧下降，因此使用温度不得超过 500~520℃；焊接性能差，焊前预热温度为 300℃以上	用作工作温度<500℃的汽轮机压力级叶片。经适当表面保护处理后，也可用作强度要求较高、尺寸较大的后几级叶片
1Cr13	GB/T 8732—2004《汽轮机叶片用钢》GB/T 1220—2007	属马氏体型铬不锈钢；碳含量较高，淬透性好，并且有较高的耐蚀性、热强性、韧性和冷变形性能。能在湿蒸汽及一些酸、碱溶液中长期运行；减振性是已知钢中最好的。应严格控制该钢的热加工始锻温度和终锻温度，否则钢易过热而导致晶粒粗大，并析出大量的 δ 铁素体，使钢的韧性降低。该钢要求进行高温或低温回火，避免在 370~560℃进行回火。低温回火可消除淬火过程中形成的内应力，高温回火在保证良好的耐蚀性的同时，可获得优良的综合力学性能。钢的焊接性能尚可	用于工作温度<450℃的汽轮机变速级叶片及其他几级动、静叶片
2Cr13	GB/T 1220—2007 GB/T 8732—2004	属马氏体不锈钢；在 700℃以下具有足够高的强度、热稳定性和很好的减振性能，并具有较高的韧性和冷变形能力。与 1Cr13 钢相比，含碳量稍高，故强度也稍高，但塑性和韧性稍低；在淡水、海水、蒸汽及湿气等条件下耐蚀性较好；抗磨蚀性能可通过表面强化方法来提高	用于工作温度<450℃的截面较大、要求强度较高的后几级叶片及低温段长叶片

续表

钢号	技术条件	特　　性	主要应用范围
1Cr11MoV	GB/T 8732—2004 GB/T 1220—2007	属马氏体不锈钢，是改型的 12%铬钢的典型钢种之一。由于钢中加入了钼和钒，其热强性和组织稳定性均比 13%铬钢高；具有良好的减振性和小的线膨胀系数，工艺性能较好，焊接性能尚可。可通过氮化处理方法提高钢表面的耐磨性；对回火脆性不敏感	用于工作温度＜540℃的汽轮机变速级及高温区动、静叶片
1Cr12WMoV	GB/T 8732—2004 GB/T 1220—2007	是 12%铬钢的改型钢种之一。由于钢中加入了钨、钼、钒等元素，提高了钢的热强性。在 580℃具有较高的持久强度、持久塑性和组织稳定性，减振性能良好。由于钢的屈服强度较高，耐蚀性能较好；加入了相当数量的铁素体形成元素钨、钼和钒，所以组织中含有一定数量的 δ 铁素体，其工艺性能尚好，可以进行锻轧和模锻加工。为提高钢的表面耐磨性，可以进行氮化处理	用于工作温度＜580℃的汽轮机变速级及高温区动、静叶片
2Cr12WMoV NbB		是 12%铬钢的改型钢种之一。由于钢中加入钨、钼、钒、铌、硼多种强化元素，因此，热强性能较高，抗松弛性能较好，可长期在 590℃以下使用	用于工作温度＜590℃的汽轮机动叶片，也可用作螺栓
2Cr12NiMoWV	GB/T 1220—2007	是强化的 12%铬型马氏体耐热不锈钢。与 1Cr12WMoV 钢相比，由于钢中碳、钼和钨含量均有所增加，并加入少量镍元素，因此使钢的热强性能得到提高。此外，钢的缺口敏感性小，并具有良好的减振性、抗松弛性能和工艺性能	用于工作温度＜550℃的汽轮机动叶片和围带
2Cr12Ni2W1 Mo1V		是在 12%铬钢基础上加入较多量的镍、钨、钼、钒等强化元素改进而成的高强度马氏体不锈钢；具有高的强度及良好的韧性；屈服强度大于 735MPa，冲击值大于 59J/cm²，且抗蚀性和冷热加工性能良好；硬度为 293～331HB，高温形变处理工艺简单，成品率高。与调质处理叶片相比，形变处理叶片晶粒细化且分布较为均匀，其力学性能和断裂韧性均较高；抗回火能力强，因此，使叶片进汽边硬质合金片的焊后热影响区性能不受影响	用作 300MW 汽轮机末级和次末级动叶片
1Cr17Ni2	GB/T 1220—2007	属马氏体钢。经淬火加低温回火后，具有高的强度、韧性和耐蚀性。为避免钢中因 α 相增多而引起力学性能降低，应控制钢中的镍、铬含量，即镍控制在 2%～2.5%，铬控制在 16%～17%。进行热加工时，停锻温度应高一些，以改善塑性和表面质量，还应控制较大的加工比，以得到均匀的组织	用于工作温度＜450℃、要求高耐蚀性和高强度的叶片
0Cr17Ni4Cu4Nb （17-4PH）	GB/T 1220—2007	属典型的马氏体沉淀硬化不锈钢。既保持不锈钢的耐蚀性，又通过马氏体中金属间化合物的沉淀强化提高了强度。该钢的衰减性能好，抗腐蚀疲劳性能及抗水滴冲蚀的能力优于 12%Cr 钢。固溶后，可根据不同的强度要求选用不同的回火温度。经过热处理的锻件，应具有均匀的回火马氏体组织，晶粒度为 ASTM6 号或更细，纤维状或块状 δ 铁素体平均量不超过 5%，以保证锻件性能	用作既要求耐蚀性又要求较高强度的汽轮机低压末级动叶片

3.12.6 紧固件

紧固件对金属材料的要求为具有一定的持久强度和蠕变强度，蠕变脆化倾向及蠕变缺口敏感性小，且具有良好的持久塑性。应采用抗松弛性能高的材料，材料的组织性能稳定性好，回火脆性和热脆性倾向小。对于承受疲劳载荷的螺栓材料，还应具有较高的抗疲劳和抗剪切的能力。在汽缸内部工作的螺栓，由于受蒸汽和水的冲蚀，还应具有一定的抗蚀性。

紧固件常用钢钢号、特性及其最高使用温度见表3-6。

表3-6　　　　　　　　　　　紧固件常用钢钢号、特性及其最高使用温度

钢号	技术条件	特　　性	用作螺栓时的最高使用温度（℃）
35、45	GB/T 699—1999	强度较低。可进行调质处理，但淬透性低。优质钢的硫、磷含量低，脱氧好，有良好的塑性和韧性，焊接性尚可	400
35SiMn	JB/T 7030—2002	具有较好的淬透性、良好的韧性、较高的强度，疲劳强度也较好，但有一定的过热敏感性及回火脆性倾向，并有白点敏感性。冶炼时易于污染非金属夹杂物，造成热加工工艺上的困难。与40Cr钢相比，除低温冲击韧性稍差、缺口敏感性较高外，其他力学性能相当	400
35CrMo	GB/T 3077—1999	强度较高、韧性好，有较好的淬透性，冷变形性中等，切削性能尚可。在高温下有高的蠕变强度和持久强度，长期使用组织比较稳定。焊接时需预热，预热温度为150~400℃	480
25Cr2MoVA	GB/T 3077—1999	属珠光体耐热钢。室温强度高，韧性好，淬透性好。在500℃以下具有良好的高温性能和高的抗松弛性能，无热脆倾向；热处理后有回火脆性，并且对回火温度敏感。进行调质处理时，回火温度宜高于工作温度100~200℃；可在正火及高温回火后使用；焊接性能差	510
25Cr2Mo1VA	GB/T 3077—1999	属中碳耐热钢。由于钢中含有较高的合金元素，因而具有较高的耐热性和高温强度、较好的抗松弛性能；冷、热加工性能良好，但对热处理较为敏感，有回火脆性倾向，长期运行后容易脆化，即硬度增高，韧性降低。持久塑性较差，缺口敏感性也较大。在蒸汽介质中耐蚀性差，需考虑表面保护。该钢多在调质或正火加回火后使用	550
20Cr1Mo1V1	DL/T 439—2006《火力发电厂高温紧固件技术导则》	性能优于25Cr2Mo1V，在565~570℃有较高的热强性能和抗松弛性能；经过运行（540℃、9.81MPa，运行约6.4万h）后，强度和塑性略有降低，室温冲击值下降较多，但水平仍很高，未表现出明显的脆化	550
20Cr1Mo1VNbTiB	DL/T 439—2006	是我国自行研制的低合金高强度钢；具有高的持久强度和持久塑性，抗松弛性能好，热脆倾向小，缺口敏感性低。当工作断面尺寸较大时，心部冲击值往往有较大的波动。该钢经常出现晶粒粗大现象，以至于影响力学性能。为防止产生粗晶，应尽量采用较低的锻造加热温	570

钢号	技术条件	特　性	用作螺栓时的最高使用温度（℃）
20Cr1Mo1VNbTiB	DL/T 439—2006	度，严格控制终锻温度，并保证有足够的锻造比。该钢材硬度>260HB 时，晶粒度越粗大，冲击值越低。而在相同晶粒级别下，硬度越高，冲击值越低。对于新螺栓材料，其硬度值、冲击值和晶粒度应符合 DL 439—2006 的规定	570
20Cr1Mo1VTiB	DL/T 439—2006	是与 20Cr1Mo1VNbTiB 钢相类似的高温螺栓钢。具有高的抗松弛性能、热强性能和良好的持久塑性，缺口敏感性低；淬透性好，沿截面有较均匀的力学性能	570
2Cr12WMoVNbB		是 12%铬钢的改型钢种之一。由于钢中加入钨、钼、钒、铌、硼多种强化元素，因此，热强性能较高，抗松弛性能较好，可长期在 590℃以下使用	590
1Cr15Ni36W3Ti		属沉淀硬化型奥氏体热强钢，在固溶状态，高温时有强烈的沉淀硬化倾向，经时效处理后，组织趋于稳定。在 650℃以下具有较好的抗松弛性能、持久强度和蠕变强度，组织稳定。长期时效后冲击值仍能保持较高水平。持久塑性好，1 万 h 的持久延伸仍可达 5%～8%。在 700℃时开始软化，强度性能将显著下降	650
2Cr12NiMoWV	GB/T 1221—2007《耐热钢棒》	是强化的 12%铬型马氏体耐热不锈钢。与1Cr12WMoV 钢相比，由于钢中碳、钼和钨含量均有所增加，并加入少量镍元素，所以使钢的热强性能得到提高。此外，钢的缺口敏感性小，并具有良好的减振性、抗松弛性能和工艺性能	570

3.12.7　汽轮机与锅炉铸钢件

汽轮机与锅炉铸钢件对金属材料的要求为具有良好的浇铸性能，即好的流动性及小的收缩性，为此，铸钢中碳、硅、锰的含量应比锻、轧件高一些。在高温及高应力下长期工作的铸钢件用钢，应具有较高的持久强度和塑性，并具有良好的组织性能和稳定性。承受疲劳载荷作用的铸钢件（如汽轮机汽缸和蒸汽室）用钢，应具有良好的抗疲劳性能和较高的冲击韧性。承受高温蒸汽冲蚀与磨损的铸钢件用钢，应具有一定的抗氧化性能和耐磨性能。需要焊接的铸钢应具有满意的可焊性。

汽轮机与锅炉铸钢件常用钢钢号、特性及其主要应用范围见表 3-7。

表 3-7　　　　　　汽轮机与锅炉铸钢件常用钢钢号、特性及其主要应用范围

钢号	技术条件	特　性	主要应用范围
ZG230-450	JB/T 9625 — 1999《锅炉管道附件承压铸钢件　技术条件》	ZG230-450 为碳素铸钢。有一定的中温（400～450℃）强度和较好的塑性、韧性，且铸造性能良好。焊接性能良好，焊前不需要预热，若缺陷较大，焊后需进行去应力退火。焊条用 T507（结 507）	用于工作温度≤425℃的汽缸、阀门和隔板等

钢号	技术条件	特 性	主要应用范围
ZG20CrMo	JB/T 9625—1999	ZG20CrMo 为合金铸钢。在 500℃ 以下可以保持稳定的热强性能，组织稳定且具有较满意的铸造工艺性能。在高于 500℃ 下使用时，热强性能会急剧下降。20℃的冲击性能不稳定，波动值较大。脆性转变温度为－20～+50℃。焊接性能尚可。预热温度为 200～300℃，焊后缓冷并进行去应力退火。焊条用 TRCr1Mo-7（热 307）	用于工作温度≤510℃的铸件，如汽轮机汽缸、隔板、蒸汽室等
ZG20CrMoV	JB/T 9625—1999	为合金铸钢。钢的热强性能较好，组织稳定性好，可在 540℃ 以下长期工作，工作温度＞600℃时热强性能显著下降，在 525～600℃长期保温后对 20℃的冲击值影响不大。铸造性能较差，铸造时容易热裂和产生皮下气孔。对热处理冷却速度比较敏感，容易在铸件内造成力学性能不均匀。焊接性能尚可，需预热 250～350℃及层间保温，焊后缓冷并尽快进行去应力退火。焊条用 TRCr1MoV-7（热 317）	用于工作温度≤540℃的铸件，如汽轮机蒸汽室、汽缸及管道附件等
ZG15Cr1Mo		ZG15Cr1Mo 为合金铸钢；热强性能稍低于 CrMo-V 铸钢，塑性和韧性良好，铸造裂纹倾向较低，其强度和热强性能可以满足在 538℃以下长期工作。焊接性能尚可。根据补焊金属的厚度不同，焊前预热温度为 100～150℃。焊条用 TRCr3Mo1-7（热 407）	用于工作温度≤538℃的汽轮机铸件，如内外汽缸，阀门等
ZG15Cr1Mo1V	JB/T 9625—1999	ZG15Cr1Mo1V 为合金铸钢。属综合性能良好的热强铸钢。铸造工艺性能较 ZG20CrMoV 钢稍差，容易产生裂纹。对热处理冷却速度相当敏感，容易在铸件中造成不均匀的组织和性能。焊接性能尚可，需预热到 300～350℃及层间保温，焊后缓冷并尽快去应力退火。焊条用 TRCr1MoVW-7（热 327）	用于工作温度≤570℃的铸件，如汽轮机高中压缸、喷嘴室和主汽阀等
ZG15Cr2Mo1		ZG15Cr2Mo1 为合金铸钢；具有良好的综合性能，铸造性能较 ZG15Cr1Mo1V 钢好，抗腐蚀和抗高温氧化性能优于 ZG15Cr1Mo 钢。焊接性能尚可。根据焊补金属厚度，焊前预热温度≥150℃或≥250℃，焊条用 TRCr3Mo17（热 407）	用于工作温度≤566℃的汽轮机内缸、阀壳、喷嘴室等铸件

3.12.8 凝汽器

凝汽器对金属材料的要求为综合考虑凝汽器的结构形式、安装工艺，所用冷却水水质及其变化情况，冷却水的流速，可能的腐蚀形式，防腐措施，清洗方法和管材价格等因素，选用耐蚀性和传热性好、并具有合适的强度和塑性、能满足加工工艺性能要求的材料。使之在采用一般维护措施的条件下，不出现管材的严重腐蚀和泄漏，使用寿命能在 20 年以上。

凝汽器管常用管材的选用应符合 DL/T 712—2010 的规定。

凝汽器常用钢管材钢号、特性及其主要应用范围见表 3-8。

表 3-8   凝汽器常用管材牌号、特性及其主要应用范围

钢号	技术条件	特 性	主要应用范围
H68A	GB/T 8890 — 2007《热交换器用铜合金无缝管》	H68A 黄铜具有很好的塑性和较高的强度，切削加工性好，易于焊接。由于黄铜中含有微量砷，故能有效地抑制黄铜的脱锌腐蚀。在大气及淡水中有较高的耐蚀性，但在轻度污染的冷却水中会出现层状脱锌与溃蚀。用于凝汽器管时，冷却水中允许的悬浮物和含砂量不超过 100mg/L，在采用硫酸亚铁处理时，悬浮物的允许含量可提高到 500～1000mg/L	用于制造热交换器铜管，如低压加热器、凝汽器铜管，使用在溶解固形物＜300mg/L、氯离子＜50mg/L 的冷却水中
HSn70-1A	GB/T 8890—2007	HSn70-1A 称为锡黄铜，具有良好的力学性能，在热态和冷态下加工性能好，切削性能尚可，易于焊接和钎焊。在大气和淡水中有较高的耐腐蚀性，但在管子表面有沉积物或碳膜时易发生点蚀。由于锡黄铜中含有微量砷，故有一定的抗脱锌能力，用于凝汽器管时，冷却水中允许的悬浮物和含砂量不超过 300mg/L，在采用硫酸亚铁处理时，悬浮物含量可提高到 500～1000mg/L	用于制造凝汽器管，使用在溶解固形物＜1000mg/L、氯离子＜150mg/L 的冷却水中
HAI77-2A	GB/T 8890—2007	HAI77-2A 称铝黄铜。由于加入少量铍，使其具有高的强度、硬度和良好的塑性。可在热态及冷态下进行压力加工。又由于铝黄铜中含有微量砷和锑，故对海水及盐水有良好的耐蚀性。HAI77-2A 管耐砂蚀性能差，用于凝汽器管时，冷却水中允许的悬浮物和含砂量不超过 50mg/L，在悬浮物及含砂量较高的海水或淡水中，会使冷却水入口处管端产生严重的冲刷和腐蚀，腐蚀表面呈金黄色，腐蚀坑呈马蹄形，并有方向性。采用硫酸亚铁成膜处理，能有效地减缓管子的冲击腐蚀。当管子表面附有有害膜时，往往会在短期内出现腐蚀；当管子安装不当或有振动时，易在淡水中发生应力腐蚀和腐蚀疲劳损坏。在污染的淡水中也不耐腐蚀，因此，一般不推荐在淡水中使用，也不宜在浓淡交变的冷却水中应用	用于制造凝汽器管，使用在溶解固形物＞1500mg/L 或海水的冷却水中。冷却水中允许的悬浮物和含砂量不超过 50mg/L
BFe30-1-1（B30）	GB/T 8890—2007	BFe30-1-1（B30）称结构铜镍白铜，具有高的力学性能，耐砂蚀和耐氨蚀性能良好，并具有耐热性和耐寒性，在热态和冷态下压力加工性良好。这种管子在污染的冷却水中会发生点蚀或孔蚀	用于制造凝汽器管，使用在悬浮物和含砂量较高、流速较高且含氧充足的海水冷却水中。冷却水中允许的悬浮物和含砂量可达 500～1000mg/L，短期可大于 1000mg/L
TA1、TA2、TA3	GB/T 3620.1—2007《钛及钛合金牌号和化学成分》 GB/T 3625 — 2007《换热器及冷凝器用钛及钛合金管》	TA1、TA2、TA3 均为工业纯钛，具有较高的力学性能、优良的冲压性能，并可进行各种形式的焊接，焊接接头强度可达基体金属强度的 90%，且切削加工性能良好。钛管对氯化物、硫化物和氨具有较高的耐蚀性能。钛在海水中的耐蚀性比铝合金、不锈钢、镍基合金还高。钛耐水冲击性能也较强	用于制造凝汽器管子，可在受污染的海水、悬浮物含量高的水中及在较高的流速下使用

4

腐蚀监测和检测技术

由于火电上设备所处的特殊环境和介质，要提升运行效率、防止重大事故的发生必须要做好设备的腐蚀监测。

腐蚀监测所能起到的作用主要有可作为一种诊断方法、监测解决问题的效果、提供操作和管理消息、作为控制系统的一部分、作为管理系统的一部分五点。

电厂设备腐蚀监测和检测主要技术有挂片法、电阻法、极化阻力法、其他电化学技术测量方法（如：探氢针法、介质分析法、零电阻电流表法、电位监测技术）、无损检验（NDE）技术、警戒孔法、涂层力学性能检测技术和腐蚀失效力学性能试验方法等。

4.1.1 挂片法

判断某种环境对特殊材料的腐蚀性，最直观的方法就是将试件曝露一定时间之后，测量其所产生的变化。这就是挂片试验的基础，是一种最古老的腐蚀监测形式。它能适应人员和设备的能力，并能满足各种需要。可以建立综合性系统，使之能够在火力发电厂评价一般材料对全面腐蚀、点蚀、应力腐蚀破裂、氢脆等的稳定性。

挂片法的检测原理是经过一已知的暴露期后，根据试样失重或增重测量平均腐蚀速率。挂片法的优点是对于许多不同材料可以同时进行对比试验和平行试验，可以根据试样获得确切的腐蚀类型。

腐蚀率计算公式为

$$R = (\Delta m / St\rho) \times 10$$

式中　R——腐蚀速率，mm/年；

　　Δm——材料失重，g；

　　S——试验总面积，cm^2；

　　t——暴露时间，年；

　　ρ——材料密度，g/cm^3。

4.1.2 电阻法

电阻法就是测定设备部件的金属的电阻变化。如果腐蚀大体是均匀的，那么电阻的变化就与腐蚀的增量成比例。从每次的读数可以计算出经过一段时间之后的总腐蚀，因而也可以计算出腐蚀速度。如果选择足够灵敏度的元件就允许腐蚀速度变化较快。

电阻法在实际应用中已得到很好验证，其使用很简单，对结果的解释通常也很简单。商品仪器可以用一个或多个探头作周期性测量或连续测量。因此，可以将腐蚀与工艺参数联系起来。这种方法是压力容器运行期间进行腐蚀监测的基本手段之一，常常用于腐蚀控制；也可作为一种诊断手段，估计工艺变化对腐蚀的影响。

电阻法的主要优点在于它能够测定液相或气相的腐蚀。而且，它不像使用极化阻力法那样，液相必须是电解液。其缺点是除非腐蚀是均匀的，否则不容易解释测量结果。因此，电阻法不适合于点蚀、应力腐蚀破裂或其他局部性腐蚀破坏。

测试元件通常采用丝状、管状或片状，可以预期测试元件的电阻与温度之间密切的依赖关系。因此设置一个比较元件，可将温度补偿置入腐蚀性测定仪（Corrosometer）探头内。该比较元件必须防腐，并靠近受腐蚀的元件放置，因而经受相同的温度条件。该比较元件装到探头体内，可以采用填充在探头内的环氧树脂或陶瓷保护。进行测量时，它作为电桥的第二臂。第二个"比较电极"通常放置在探头体内，使用时用来对填充系统和探头内部回路的完整性作检查测量。为了通向腐蚀性介质，暴露的测试元件通常采用通道狭窄或类似结构的套筒做机械性防护。综上所述的某些特点可以从如图 4-1 所示的探头示意中看出。

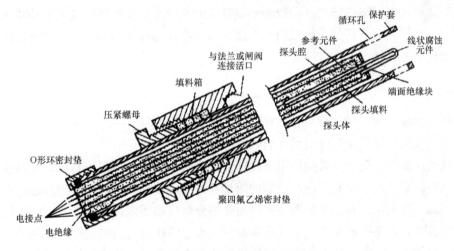

图 4-1　可伸缩型电阻探头示意

4.1.3　极化阻力技术

极化阻力技术主要基于极化曲线的线性极化。通常把表示电极电位与极化电流之间关系的曲线称为极化曲线。极化曲线能够在有关腐蚀机理、腐蚀速率和特定材料在指定环境中的腐蚀敏感性等方面提供大量有用的信息。测量腐蚀体系的阴、阳极极化曲线，可以揭示腐蚀的控制因素和作用机制，分析研究局部腐蚀。分别测量两种或两种以上腐蚀金属的极化曲线，可以图解分析两种金属的接触腐蚀和多电极腐蚀电池的腐蚀问题。在腐蚀电位附近进行极化测量，可以快速求得腐蚀速度，有利于鉴定和筛选金属材料和缓蚀剂。通过极化曲线的测量还可以获得电化学保护的主要参数等。极化曲线法是电化学测量中最基本的方法，也是研究电极过程动力学的最重要的方法。根据金属电化学腐蚀理论，测定金属电极的稳态极化曲线，可以分析腐蚀过程的控制机理。

当腐蚀电位附近极化±10mV 时，电极处于线性极化状态，此时，工作电极的电流与电位（过电位）呈线性关系。

极化阻力测试分为恒电流法和恒电位法，而电阻探针分为二电极型和三电极型两种类型。二电极型探针通常采用相同的待测金属作为电极，极化电压施加在两极之间。三电极型探针有两种，一种是三个电极（工作电极、辅助电极、参比电极）都采用相同尺寸的金属制备；另一种的工作电极和辅助电极采用待测金属，而参比电极常常使用不锈钢、Ag/AgCl 电极及铂等。

4.1.4　探氢针法

氢气是许多腐蚀反应的产物，当阴极反应是析氢反应时，可采用此现象测试腐蚀速率。阴极反应产生的氢会产生氢脆、应力腐蚀破裂和氢鼓泡等。三种破坏都是由于钢构件吸收了腐蚀产生的原子氢或在高温下吸收了工艺介质中的原子氢。氢监测所测量的是生成氢的渗入倾向，从而表明结构材料的危险趋势。

氢探针通常有一薄壁钢壳（1~2mm），吸收的氢可通过钢扩散到狭窄的环状空间，而此空间与一个压力表相连接。扩散的氢量根据压力增加速度来估计。探氢针包括压力型氢探针和电化学氢探针。

4.1.5　介质分析法

介质分析法作为一种化学分析方法，主要测量工艺物流中的氧浓度、工艺介质的 pH 值、腐蚀下来的金属离子浓度或缓释剂浓度等。

在腐蚀控制中，化学分析的应用早已确立，尽管其中许多应用不直接监测腐蚀速度或腐蚀状态，但是，在一个系统内，已知的测量参数与可接受或不可接受的腐蚀过程有密切关系。因此，对发电厂和工业炉燃烧产物所作的分析可以用来检查不正常燃烧所带来的潜在性腐蚀条件。在某些情况下，一氧化碳监测探头已经作为自动燃烧控制系统的一个部件而使用。为了保证蒸发期间不致因形成侵蚀性的化学物质（如过高的氧含量等）而使腐蚀性增高，为了控制所需要的水处理工序，锅炉给水普遍都有监测。分析频率和复杂程度取决于锅炉功率，但对于现代化的大型锅炉，需要进行极其严格的控制，连续测量被视作为一项重要参数。此外，监测冷却水的化学成分是电厂的日常操作，通过水分析可以自动控制制水处理过程和排污周期、控制补水系统的氧含量和 pH 值。

4.1.6　零电阻电流表法

零电阻电流表法的基本原理是利用化学的电偶电池原理，在适当的电解液中测定不同电极之间的电偶电流，由此可以计算电位较负的阳极性金属的腐蚀速度。测量仪器为零阻电流表，必须保证测量仪表对电偶行为的干扰非常小，即测量仪器仪表的内阻极小，主要有手动调零的零电阻电流表、自动瞬时调零的零电阻电流表、运算放大器组成的零电阻电流表等。

用零电阻电流法可以显示双金属腐蚀的极性和腐蚀电流值，对大气腐蚀指示露点条件。同时，可埋置在设备内衬的绝缘层、包覆层中作为衬里等开裂而有腐蚀剂通过的灵敏显示器。

4.1.7　电位监测技术

电位监测技术的基本原理是通过测量被监测设备的材料相对于参比电极的电位变化，确定腐蚀电位与其腐蚀状态的关系。可采用一个输入阻抗为 $10M\Omega$、满量程为 $0.5\sim2V$ 的电压表进行测量。参比电极的选择也很重要，它要求测试介质中自身电位非常稳定而又坚固耐用。目前，应用广泛的是 Ag/AgCl 参比电极，它适合许多允许含有少量氯化物的介质体系。另外，还有铜/硫酸铜电极、铅/硫酸铜电极、碱液中使用的汞/氧化汞电极等。铂丝由于非常耐腐蚀也可以作为参比电极，不锈钢在其耐腐蚀的介质中也常常用作参比电极。

目前，一系列电位探针测量的电位的连续信号可以通过多通道的 A/D 转换器存入计算机并进行分析比较。

电位监测的应用主要分为以下四个方面。

（1）在阴极保护和阳极保护方面。

（2）在指示系统的活化—钝化行为方面。

（3）可用于探测初期腐蚀。

（4）可用于探测局部腐蚀。

4.1.8　警戒孔法

警戒孔法用于监测腐蚀裕量，其测试原理是当腐蚀裕量已经消耗完的时候给出指示。其测量方法是从设备壁或管道外侧钻一孔，使剩余壁厚等于腐蚀裕量。一个正在泄漏的孔就指示出腐蚀裕度已经消耗完。用一锥形销打入洞内可临时修补泄漏洞。

警戒孔法主要用在特殊的装备特别是磨蚀能造成无规律减薄的管道弯头处，可以防止灾难性破坏。

4.1.9　无损检测（NDE）技术

无损检测（NDE）技术是指在不损伤构件性能和完整性的前提下，检测构件金属的某些物理性能和组织状态，以及查明构件金属表面和内部各种缺陷的技术。就是利用声、光、磁和电等特性，在不损害或不影响被检对象使用性能的前提下，检测被检对象中是否存在缺陷或不均匀性，给出缺陷的大小、位置、性质和数量等信息，进而判定被检对象所处技术状态（如合格与否、剩余寿命等）的所有技术手段的总称。

1. 光学法

为了对难以到达的部位进行表观检查，可从市场购得各种光学器具。这些光学器具利用小光源、镜子、放大镜和光导纤维，可以检查直视范围以外的部位和（或）距离较大（例如可达到距离检查点 3m 远）的地方。这些仪器可以与光学照相机和电视照相机相连接进行记录。

2. 磁粉法和染色渗透技术

因腐蚀疲劳或应力腐蚀破裂而发生的许多微裂纹，可以利用磁粉法和染色渗透技术进行目视检查。

磁粉法只能用在磁性材料上。这种方法就是在受检表面涂覆一种通常是白色的快干而无光泽的涂料，利用永久磁铁或电磁铁使磁场穿过测量工件，并用一种在液体中分散良好的磁粉涂覆在被测表面。有裂纹的地方，由于磁场的不连续性，可使磁粉聚集成一条线，从而显示裂纹的存在。

染色渗透技术既可用于磁性材料，又可用于非磁性材料，在这种方法中，渗透液内含有的染料被涂到受检表面，经过规定时间之后，在涂施比显色剂（一种白粉，通常作为喷射剂使用）之前，将表面多余的渗透液擦掉，然后喷上显色剂。这时，该表面就因渗透剂渗出裂纹外面而显示出裂纹。

对于磁粉法和染色渗透技术，操作者都必须接近腐蚀表面，这就不可避免地要使受检构件断开物流。此外，这两种方法也不能客观评价裂纹深度，而在腐蚀监测应用中，裂纹长度的定期量度是所能确定的唯一参数。对于这两种技术，受检表面必须清洁，腐蚀产物必须除去，表面还要干燥，而且，对于染色渗透技术来说，表面还必须平滑，裂纹不应塞满碎屑。

3. 涡流技术

涡流技术可用于监测破裂过程和点蚀过程。这种技术取决于放置在交流馈电线圈电场内的金属物体表面所产生的涡流。在裂纹或蚀坑处，涡流受到干扰，使激励线圈的反电动势改变或在次级线圈内产生变化，这一变化经检波并放大可供视觉显示。涡流技术通常是把线圈做成适当的探头，在被测表面上来回移动。

测量腐蚀损坏深度的灵敏度取决于所测金属的电阻率和磁导率，也取决于用来激励探头线圈的交流电的频率。对于铁磁材料来说，涡流的有效穿透能力很弱，因而，这种技术实际上只能用来检查腐蚀表面，通常需要使构件处于停车状态。

对于非磁性材料，选择适当的频率，可以在压力容器外壁上进行测量，从而检查内壁各个部位，这种测量允许对压力容器进行在线监测。

由涡流所确定的反电势，对线圈与金属之间的距离很敏感，这种特性可以用来测定铁磁材料上非金属涂层或非铁覆盖层的厚度。然而，当所检查的表面粗糙时，尽管采用具有"发射"补偿作用的涡流仪可以减小误差，但造成的影响仍是个问题。

如果在腐蚀产物中形成或沉积有磁性垢层，也可能造成不正确的结果。此外，如果存在应力腐蚀破裂或点蚀现象，对测量结果进行解释需要有丰富的经验，因为各种小裂纹或蚀孔常常与大缺陷相伴而生。

从市场可购得多种型号的涡流检测仪，对于十分特殊的应用，仪器可以定制。

涡流测量的一个基本例子是检测裂纹。这种检测是对超声探伤法的补充。因为它测量的主要是裂纹长度而不是深度，深度是由超声波探伤得到的。如果两种测量不相符，则裂纹往往就有分支或者是弯曲的。用两种技术测量比单独用其中任一种技术测量能取得更多的信息。

4. 超声技术

超声技术除用来监测点蚀、应力腐蚀破裂和腐蚀疲劳之外，还能用来测量材料厚度。这种方法就是把一个压电晶体发生的声脉冲向待测材料发射。这些声脉冲会被材料的前面和背面反射，也会被两个面之间的任何大缺陷反射，反射波由同一个压电晶体或另一个接收用的压电晶体放大之后，通常在阴极射线示波器上显示。材料厚度和缺陷的位置在显示器的时间坐标上给出，有关缺陷的尺寸可以根据该缺陷信号的波幅得到。

作为腐蚀监测方法，超声技术的主要优点是它只需要在压力容器的一侧，最好是在未被腐蚀的压力容器表面放置探头，从而使在线测量切实可行。为了使发射的声波传递到待测材料，需要有一个清洁的表面，在压电晶体和待测构件之间，必须紧密接触，可以借助于各种声耦合液或凝胶来实现。

5. 放射性显示技术

放射性显示技术可以用来检测局部腐蚀，借助于标准的"图像特性显示仪"可以测量壁厚。

γ射线和X射线都取决于材料的不透性，射线穿过构件作用于照片底片或荧光屏。在底片上产生的图像密度与受检材料的厚度和密度有关。

X射线源需要电网供电和水冷却，而γ射线从一个小剂量的合适的放射性材料就可以得到。因而γ射线显示法更适合于现场应用。γ射线显示法还具有穿透能力较强的优点，但分辨能力低于X射线法，X射线可以被聚焦。

由于放射性显示法需要把射线源放在受检构件一侧、照片底片或荧光屏放在另一侧，所以，这种方法不适合在线监测。使用放射性显示技术时，需要采取适合健康、安全的预防措施，操作人员和受测人员都必须遵守。对测量结果进行解释也需要有一定的经验，因为放射性显示技术对腐蚀引起的体积损耗十分敏感，因而蚀孔相当容易辨认，但是，裂纹就很难检出了，特别是当裂纹横切射线图像的时候。

6. 热像显示技术

热像显示技术就是作出构件的等温线图。可以利用各种手段来进行，如用热敏笔在构件上简单地标示温度变化或在产生锈皮较多的地方用红外照相机进行拍摄，红外照相可以在广阔的温度范围内应用，其典型范围是 20~2000℃。

实际上，由于环境温度、通风风速以及局部空气扰动、阳光条件变化、构件的颜色变化等都会引起误差。

一般说来，热像显示技术较适用于检测腐蚀分布而不是腐蚀的发展速度，其将获得进一步的发展。

7. 声发射技术

某些腐蚀过程如应力腐蚀破裂或腐蚀疲劳产生的破裂、空泡腐蚀、摩擦腐蚀都伴随有声能的释放。

目前，这个领域有着重要的研究意义，因而，在开发这些技术用于在线监测方面，将会取得重大进展。

4.1.10　涂层力学性能检测技术

涂层力学性能检测主要包括漆膜附着力测定、漆膜柔韧性测定、漆膜耐冲击测定、漆膜硬度测定、涂层耐磨性测定等。

1. 漆膜附着力测定法

漆膜附着力是指漆膜与被涂物件表面结合在一起的坚固程度。附着力是涂料物理力学性能的重要指标之一，通过此项目的检查，可以检验涂料组成（特别是树脂）是否合理。漆膜的附着力除了取决于所选用的涂料基料外，还与底材的表面前处理、施工方式以及涂膜的保养有着十分重要的关系。例如，在潮湿、有锈蚀、有油脂的金属表面涂装，附着力就差。

测定附着力的方法有划圈法、划格（或划痕）法、拉开法和扭开法等。GB 1720—1979《漆膜附着力测定法》规定了划圈法测定漆膜附着力的方法，GB/T 9286—1998《色漆和清漆　漆膜的划格试验》规定了采用划格法测定附着力的方法，GB 5210—2006《色漆和清漆　拉开法附着力试验》（ISO 4624：2002）规定了采用拉开法测定涂层附着力的方法。其中应用最简便、最常用的是划圈法测定漆膜附着力。

（1）划圈法测定附着力。

划圈法所采用的附着力测定仪如图 4-2（a）所示。

标准划痕圆滚线如图 4-2（b）所示。依次标出 1、2、3、4、5、6、7 等七个部位。相应分七个等级。按顺序检查各部位的漆膜完整程度，如某一部位的格子有 70%以上完好，则定为该部位是完好的，否则应认为坏损。

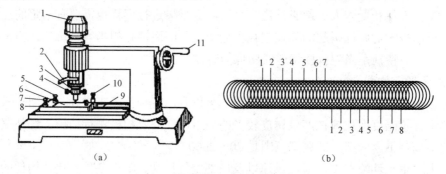

图 4-2　附着力测定仪和附着力评级图

（a）附着力测定仪；（b）附着力评级图

（a）图：1—荷重盘；2—升降棒；3—卡针盘；4—回转半径调整螺栓；5—固定样板调整螺栓；

6—试验台；7—半截螺帽；8—固定样板调整螺栓；9—试验台丝杠；10—调整螺栓；11—摇柄

将制备的马口铁板固定在测定仪上，为确保划透漆膜，酌情添加砝码，按顺时针方向，以 80～100r/min 均匀摇动摇柄，以圆滚线划痕，标准圆长 7～8cm，取出样板，评级。应注意：

1）附着力测定仪的针头必须保持锐利，否则无法分清 1、2 级的区别，应在测定前先用手指触摸感觉是否锋利，或在测定了几块试板后酌情更换针头。

2）先试着刻划几圈，划痕应刚好划透底板，若未露底板，酌情添加砝码，但不要加得过多，以免加大阻力，磨损针头。

3）评级时可从 7 级（最内层）开始评定，也可从 1 级（最外圈）评级，按顺序检查各部位的漆膜完整程度，如某一部位的格子有 70%以上完好，则认为该部位是完好的，否则认为坏损。例如，部位 1 漆膜完好，附着力最佳，定为 1 级；部位 1 漆膜坏损而部位 2 完好的，附着力次之，定为 2 级。依此类推，7 级附着力最差。

通常要求比较好的底漆附着力应达到 1 级；面漆的附着力可在 2 级左右，附着力不好，涂膜易与物件表面剥离而失去涂漆的作用和效果。

（2）划格法测定附着力。

划格法测定附着力 GB/T 9286—1998 进行。实验工具是划格测试器，它是具有 6 个切割面的多刀片切割器，由高合金钢制成，切刀间隙为 1nm。将试样涂于样板上，待干透后，用划格测试器平行拉动 3～4cm，有六道切痕，应切穿漆膜；然后用同样的方法与前者垂直，切痕六道，这样形成许多小方格。用软刷从对角方向刷 5 次或用胶带粘于格子上并迅速拉开，用 4 倍放大镜检查试验涂层的切割表面，并与说明和附图进行对比定级（如图 4-3 所示）。切割边缘完全平滑，无一格脱落为 0 级；在切口交叉处有少涂层脱落，但交叉切割面积受影响不能明显大于 5%为 1 级；在切口交叉处和/或沿切口边缘有涂层脱落，受影响交叉切割面积明显大于 5%，但不大于 15%为 2 级；涂层沿边缘部分或全部以大碎片脱落，和/或在格子不同部位上部分或全部剥落，受影响交叉切割面积明显大于 15%，但不大于 35%为 3 级；涂层沿边缘大碎片剥落，和/或一些方格部分或全部出现剥落，受

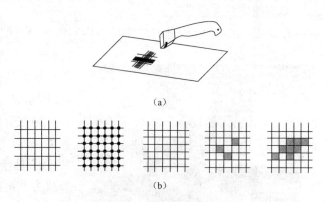

图 4-3　划格法附着力测定器及评级指示图

（a）划格法附着力测定器；（b）评级指示图

影响交叉切割面积明显大于 35%，但不大于 65%为 4 级；剥落的程度超过 4 级的为 5 级。

0 级附着力最佳，一般超过 2 级在防腐涂料中就认为附着力达不到要求。

（3）拉开法测定附着力。拉开法所测定的附着力是指在规定的速度下，在试样的胶结面上施加垂直、均匀的拉力，以测定涂层间或涂层与底材间附着破坏时所需的力，以 kg/cm^2 或 MPa 表示。该方法不仅可检验涂层与底材的粘接程度，也可检测涂层之间的层间附着力，考察涂料的配套性是否合理，全面评价涂层的整体附着效果，尽管测定仪器价格较贵，但不断得到推广应用。

1）国外常用测定拉开法的仪器是 Elcometer 附着力试验仪（如图 4-4 所示）。此仪器小巧，使用方便，可用于现场检测。Elcometer 试验是将一铝制试验拉头粘在涂层上，采用有刻度的机械拉力试验机将拉头拉脱，从标尺刻度读出拉出铝拉头的拉力。使用的步骤及注意事项如下：

a．认真选择装置试验拉头的区域，该区域的表面必须平整，以保证表面与拉头充分接触，且面积要大于试验仪脚的尺寸，一般以长、宽各 10cm 以上为宜。

b．用适当的溶剂去除待测物面的油脂、灰尘，用细砂纸轻轻打磨涂层表面，以促进试验拉头的附着，但不要过多磨损涂膜。

c．用溶剂清洗并轻轻打磨试验拉头的较薄测试面，使其表面粗化。

d．按适当比例混合黏胶剂，胶黏剂必需是本身黏结力极强的品种，如环氧类双组分结构胶，但必须保证胶黏剂与试验涂层相容，粘接的强度大于试验涂层的强度。

e．在试验区涂一层薄胶，同时也在试验拉头的结合面涂上相同的一层薄胶，将试验拉头压紧在试验区涂胶处，并轻微转动拉头，以保证全部接触，用一平整重物压在试验拉头上。

f．胶黏剂固化要保证充分的时间间隔，一般 24h 后测定。

g．粘接固化后采用配套的切刀，套住拉头，刻划出透达基体的圆，用以除去过多的胶黏剂，同时不影响试验拉头。

h．将 Elcometer 试验仪下部的夹子滑向并嵌入拉头的沟槽内，操作者必须保证仪表平稳、垂直地安置在涂膜表面。

i．在进行拉开操作之前，将拉力指示器调到"0"读数，然后拉紧手轮，按顺时针方向旋转，至拉头脱开为止，计数。仍不能拉开时，采用最大拉力计数。Elcometer 附着力测定仪如图 4-4 所示。

图 4-4 Elcometer 附着力测定仪

2）在金属基体上进行试验可能发现三种失效类型。

a．粘接失效。即受拉力后，胶层从涂层或试验拉头上拉断或其自身内部拉断，认为是胶黏剂的失效。涂层与基材或涂层与涂层之间的附着力均会超过此值。

b．附着力失效。即涂层与基体在拉力下分离，此值为涂层与基体的附着力。

c．内聚力破坏。即涂层本身被拉断，此值作为层间附着力的数值，涂层与底材的附着力超过这一数值。对于每一种涂料都有规定的拉开法测定数值，一般要求大于 2MPa，环氧等双组分涂料大于 4MPa。

值得注意的是，采用 Elcometer 试验仪测定的拉开法附着力数据与国标规定的拉力实验机测定的数值有一定的差距。按作者多次实验的经验积累，Elcometer 试验仪数据乘以 3～3.5 与拉力机测定的数值相近。因此，每种测试方法的试验数据只能同类比较，才具有一定的准确度。在填写检测报告时，也要注明使用的检测仪器和方法。

在进行附着力现场测定时应注意：不同种类的涂料需完全干燥，特别是氯化橡胶、高氯乙烯、丙烯酸等溶剂型涂料，真正形成坚硬涂膜需要 2 个星期以上，在测定时应予以重视。同时，附着力的测定与实验人员的经验有关，检测人员平时应注意经验的不断积累。

不同基材、不同类型涂料、不同检验方法都有可能造成数值各异。

在上述三种附着力测试方法中，划圈法是实验室一般采用的方法，较为简便，但难以判断复合涂层之间的层间附着力。划格法强调用于评价层间附着力，是施工现场最常用的附着力测试方法，但实验过程中，胶带的黏合强度、压紧胶带用力、胶带剥离角度和速度等都对实验结果有不同的影响，涂层表面的清洁度和粗糙度对黏结强度也有影响，这样给结果的解释和重现性带来困难。拉开法测试可以直观地反映涂层与底材、底涂层与中间层或面涂层之间的附着力状况，但它需要比较昂贵的实验器材，制备样品的周期比较长，在现场进行测试也比较困难。

只有不断地增强涂层与底材及涂层之间的附着力，才能使被涂装物在严酷的腐蚀环境中延长保护和装饰的寿命。

2. 漆膜柔韧性测定法

漆膜的柔韧性是指漆膜干燥后的样板在不同直径的轴棒上进行弯曲试验后，底材上的漆膜不发生开裂和剥落的性能，也叫弹性或弯曲性。

实际上，漆膜的柔韧性不但与弹性有关，还与底材的附着力有关。涂料被涂装在物件表面，经常受使其变形的外力影响，例如受外界温度的剧变而引起的热胀冷缩，使涂层发脆、开裂甚至剥离物件表面，因此，柔韧性的测定对保证涂装效果极为重要。

GB/T 1731—1993《漆膜柔韧性测定法》规定了使用柔韧性测定器测定漆膜柔韧性的方法如图 4-5 所示，而 GB/T 6742—2007《色漆和清漆 弯曲试验（圆柱轴）》也规定了在标准条件下涂层绕圆柱轴弯曲时的抗开裂性能测试方法，采取的是国际标准 ISO 1519：2002 的具体实验方法。对于多层涂装系统，可对每一层分别进行测试或对整个体系一起进行测试，其中最常用的是采用柔韧性测定器测定，并以不引起漆膜破坏的最小轴棒直径表示漆膜的柔韧性。

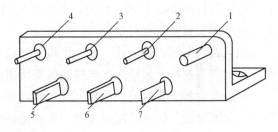

图 4-5 柔韧性测试仪

注：1~7 为直径不同的 7 个钢制轴棒。

操作步骤为标准方法制备的漆膜实干后，在恒温、恒湿条件下，漆膜向上，用双手将涂膜试板紧压于规定直径的轴棒上，绕轴棒弯曲，弯曲动作是利用两大拇指的力量在 2~3s 内完成，弯曲后双手拇指应对称于轴棒中心线。

评级时，用 4 倍放大镜观察漆膜是否产生网纹、裂纹及剥落等破坏现象，以不产生这些现象的最小轴棒直径表示漆膜的柔韧性，单位为 mm。

一般漆膜的柔韧性应在 2mm 以下，柔韧性不好则漆膜脆，易剥落。通过测定漆膜的柔韧性，可以了解该漆膜的质量情况，如油脂与树脂配比是否适当等。漆膜柔韧性不佳，可通过在涂料配方中添加增塑剂、增韧剂，调整颜基比等方法加以改进。

3. 漆膜耐冲击测定法

漆膜耐冲击测定即测定漆膜的冲击强度，是评价涂层在高速度的负荷冲击下快速变形的一种性能。

伸张率、附着力和静态硬度等指标对于考核经常受到机械冲击影响的涂料具有很大的实用价值，是检验车辆及机械用漆的质量标准之一。例如，各种车辆或机械涂层经常受到振动和机械的冲击，冲击强度不佳的涂层，就会造成漆膜的剥落、碎裂等破坏。

GB/T 1732—1993《漆膜耐冲击测定法》规定了测定涂膜耐冲击性能的方法，以固定质量（1kg）的重锤落于试板上而不引起漆膜破坏的最大高度（cm）表示漆膜耐冲击性能。

按标准制备的漆膜样板实干后，将漆膜朝上的试板平放在铁砧上，试板受冲击部分距边缘不少于15mm，每个冲击点的边缘相距不得少于15mm。重锤借控制装置固定在滑筒的某一高度，按下控制钮，使重锤自由地落下冲击样板。用4倍放大镜观察漆膜有无裂纹、皱纹及剥落等现象，此高度即为该样品的冲击强度。漆膜通过冲击的高度越高，则耐冲击性能就越好。

漆膜耐冲击强度的一般质量要求是通过50cm或按产品标准规定的要求。此项指标的测定可考察涂料中成膜物质的组成用量和助剂的使用是否恰当。

4. 漆膜硬度测定法

漆膜的硬度是指漆膜干燥后具有的坚实性，即漆膜表面对作用其上的另一个硬度较大的物质所表现的阻力，这个阻力可以通过一定重量的负荷作用在比较小的接触面积上，通过测定漆膜抗变形的能力而表现出来，因此，硬度是表示漆膜机械强度的重要性能之一。漆膜硬度高，可减少摩擦或碰撞的损害程度。

GB/T 1730—2007《色漆和清漆 摆杆阻尼试验》规定，用在色漆、清漆及有关产品的单层或多层涂层上进行摆杆阻尼试验，测定其阻尼时间的标准方法来表示漆膜的硬度。A法采用国际标准ISO 1522：1998，利用科尼格和泊萨兹两种摆杆或阻尼试验仪；B法利用双摆杆或阻尼试验仪进行试验。

国内常用双摆式硬度计，以一定质量的摆杆在漆膜上摆动一定的振幅，规定从5°～2°所需的时间与摆杆在玻璃上摆同样的振幅所需时间的比值为硬度值。

硬度是涂料干燥时间的函数。涂层强度随其干燥程度而增大，完全干燥的涂层才具有特定的最高硬度，因此，测定硬度一定要待漆膜实干以后。

GB/T 6739—2006《色漆和清漆 铅笔法测定漆膜硬度》规定了采用已知硬度标号的铅笔刮划涂膜，以铅笔的硬度标号表示涂膜硬度的测定方法，可采用试验机法，也可采用手动法。其中手动法因测试材料便宜易得，测试方法简便直观而更易推广和自测。测试材料是一组中华牌高级绘图铅笔，从9H到6B具有不同的硬度，9H最硬，6B最软。将铅笔削去木杆部分，使铅芯露出约3mm，用砂纸磨至端面平整、边缘锐利，待用。铅笔与底板成45°角，以此铅笔刮划涂膜表面，以笔芯不折断为度，在涂膜面上推压，速度约为1cm/s，每刮划一道，要对笔芯进行重新研磨，对同一硬度标号的铅笔重复刮划五道。如果有两道或两道以上的涂膜未被擦伤，则换用前一位铅笔硬度更高标号的铅笔进行同样的试验。划破两道或两道以上铅笔，记下这个铅笔硬度标号，将此标号后一位硬度标号作为该涂膜的铅笔硬度。

采用漆膜铅笔硬度划痕仪时，铅笔的准备工作同上。将待测试板的涂膜面向上，水平地放置且固定在试验机的试验平台上。试验机的重物通过重心的垂直线使涂膜面的交点接触到铅笔芯的尖端，将铅笔固定在夹具上。调节平衡重锤，使试样样板上加载的铅笔荷重处于合适的状态。然后将固定螺钉拧紧，使铅笔离开涂膜面，固定连杆；在重物放置台上加上（1.00±0.05）kg 的重物，放松固定螺钉，使铅笔芯的尖端接触到涂膜面，重物的荷重加到铅笔尖端上。恒速地摇动手轮，使样板向着笔芯反方向水平移动 3mm，让笔芯刮划涂膜表面，移动速度为 0.5mm/s。试板移动位置后共划 5 道。评价方法同手工硬度测定法。

通过漆膜硬度的检查，可以发现涂料的树脂用量是否适当。漆膜的硬度与柔韧性是互相制约的，硬度不高的漆膜，可通过在涂料配方中添加硬树脂、增韧助剂、调整颜基比等方法加以改进。

5. 涂层耐磨性测定法

涂膜的耐磨性是指漆膜干燥后，对摩擦作用的抵抗能力，即遇机械损伤时，保持漆膜性能的一种能力。耐磨性是涂料的机械性能之一，尤其对于那些在应用过程中经常受到机械磨损的涂层，是更为重要的质量控制指标。

GB 1768—2006《色漆和清漆　耐磨性的测定　旋转橡胶砂轮法》规定了采用漆膜耐磨仪测定涂膜性能的方法，它是在一定的负载下经规定的磨转次数后，以漆膜的失重表示，单位 g。

使用时，按照涂膜的制备方法，将试样涂刷在专用圆形玻璃板上，一般涂刷两道，间隔24h。干燥后，将试板固定在耐磨仪（如图 4-6所示）的工作盘上，加压臂上加上规定的载重，放下吸尘嘴，并调节至距离样板 1～1.5mm。开动开关，把样板先磨 50 转，使之形成较平整的表面，关闭电源，用毛笔轻轻抹去浮屑，称量。按产品标准规定调整计数器进行试验。当达到规定的耐磨转数时，即行停止。取出样板，抹去浮屑，称量。前、后质量之差即为漆膜失重。要求平行试验两次，二次平均值之差不大于7%，结果取平均值。例如，甲板漆对耐磨性能

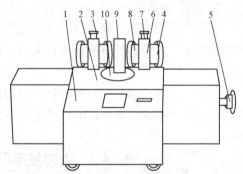

图 4-6　JM-Ⅲ型漆膜耐磨仪

1—底座；2—计数继电器；3—工作转盘；4—加压轴；

5—吸尘风量调节盘；6—平衡砝码；7—加压臂；

8—橡胶砂轮；9—吸尘嘴；10—螺帽

的要求是：在臂重砝码 750g 时，耐磨 500 转，前、后漆膜质量之差不大于 0.1g。

耐磨性能与涂层的硬度、附着力有密切的关系，一般附着力强、硬度大，耐磨性能较为良好。但不能完全根据这两种性能来断定耐磨性的优劣，涂层的耐磨性与底材的种类和表面处理等条件也有一定的关系。

4.1.11　腐蚀失效力学性能试验方法

在腐蚀失效分析中应用力学试验方法的目的是检验所用材料质量是否合格以及在设备的运行过程中，力学性能是否发生了变化。有些金属材料制造的设备在运转过程中，由于环境介质的作用，使材料的性能发生了变化。在腐蚀失效分析中常用的力学性能试验方法有以下几种。

1. 硬度试验

硬度试验是最简便，也是最常用的力学性能试验方法，它能提供一些重要的参数。例如，把硬度 HRC≤22 作为鉴别低合金钢是否抗 H_2S 和液氨应力腐蚀的标准或用硬度对钢的热处理和加工方法进行初步鉴定。以普通低碳钢为例，退火态或热轧态的硬度较低。组织是铁素体及珠光体，而淬火态的硬度则较高，组织为马氏体。

硬度试验方法通常采用的有布氏硬度、洛氏硬度、维氏硬度及显微硬度等。

2. 拉伸试验

拉伸试验是力学性能试验中最基本的经典试验方法。由于环境介质的作用，使材料的表面和内部可能产生了裂纹、微裂纹或组织状态的变化，从而使其力学性能也发生了相应的变化。因此，对材料进行拉伸试验可以在材料的腐蚀失效中提供重要的数据。

3. 冲击试验

在腐蚀失效事故中，脆性破坏的概率很大，危害也最严重。在腐蚀失效分析中，复验材料在运转过程中韧性的变化也是极为重要的一环。因此，要经常进行材料的冲击试验以验证材料是否有脆化现象。

4. 断裂韧性试验

利用断裂力学的试验方法，在一定的环境介质中进行试验，即可得到金属材料抗应力腐蚀的能力。断裂韧性试验在腐蚀失效分析中对判断材料抗应力腐蚀及氢脆的性能是十分重要的。

此外，其他一些力学试验方法，如弯曲试验方法、腐蚀疲劳试验方法等。在腐蚀失效分析中，也可根据腐蚀破坏的具体工况条件的要求进行试验。

4.2 火力发电厂腐蚀与防护技术监督

火力发电厂的金属技术监督是确保火力发电厂重要管道和部件的运行安全，改善和提高热力设备的运行可靠性和经济性的重要手段。金属监督的任务是执行 DL/T 438—2009《火力发电厂金属技术监督规程》，对重要管道和部件的材质、焊接质量、组织性能变化及缺陷发展情况进行监督，防止爆管和断裂事故的发生；采取先进的诊断或在线检测技术，及时准确地掌握和判断金属部件的寿命损耗程度和损伤状况；此外，对受监部件的事故进行调查和原因分析，从而采取相应的改善或防止的有效措施。

（1）DL/T 438—2009 规定金属监督的范围如下。

1）工作温度大于或等于 400℃的高温承压部件（含主蒸汽管道、高温再热蒸汽管道、过热器管、再热器管、联箱、阀壳和三通），以及与管道、联箱相联的小管。

2）工作温度大于或等于 400℃的导汽管、联络管。

3）工作压力大于或等于 3.82MPa 汽包和直流炉的汽水分离器、贮水罐。

4）工作压力大于或等于 5.88MPa 的承压汽水管道和部件（含水冷壁管、蒸发段、省煤器管、联箱和主给水管道）。

5）汽轮机大轴、叶轮、叶片、拉金、轴瓦和发电机大轴、护环、风扇叶。

6）工作温度大于或等于400℃的螺栓。

7）工作温度大于或等于400℃的汽缸、汽室、主汽门、调速汽门、喷嘴、隔板和隔板套。

8）300MW及以上机组带纵焊缝的低温再热蒸汽管道。

（2）对于金属材料的监督，DL/T 438—2009规定，材料的质量验收应遵照如下规定。

1）受监的金属材料应符合相关国家标准和行业标准；进口的金属材料应符合合同规定的相关国家的技术法规、标准。

2）受监的钢材、钢管、备品和配件，应按质量保证书进行质量验收。质量保证书中一般应包括材料牌号、炉批号、化学成分、热加工工艺、力学性能及必要的金相、无损探伤结果等。数据不全的应进行补检，补检的方法、范围、数量应符合相关国家标准或行业标准。

3）重要的金属部件，如汽包、汽水分离器、联箱、汽轮机大轴、叶轮、发电机大轴、护环等，应有部件质量保证书，质量证明书中的技术指标应符合相关国家标准或行业标准。

4）锅炉部件金属材料的入厂检验按照JB/T 3375—2002《锅炉用材料入厂验收规则》执行。

5）受监金属材料的个别技术指标不满足相应标准的规定或对材料质量发生疑问时，应按相关标准扩大抽样检验比例。

6）无论任何复型式试样的金相组织检验，金相照片均应注明分辨率（标尺）。

4.3 腐蚀实时监测系统

4.3.1 监控系统的基本组成

火力发电厂计算机监控系统主要以分布式计算机控制系统为主。分布式控制系统一般都由过程控制级、通信系统、操作管理级及软件系统组成。过程控制级主要由工业微处理器加上输入输出A/D、D/A转换接口卡来实现，完成数据采集、模拟控制、顺序控制、网络通信、与过程设备相连等主要功能；通信系统应用现代网络技术，过程控制级一般采用电缆为通信介质，与操作管理级通过光纤组成总的网络结构；操作管理级由一些具体的工作站组成，实现整个系统的综合管理工作；软件系统包括固化在系统内的供用户直接组态的功能模块软件、由操作系统与数据库管理系统及程序编译系统组成的管理软件、帮助用户完成一些例如图表制作等功能的工具软件等。

4.3.2 火力发电厂监控系统的应用概况

现代火力发电厂的发展趋势是高参数、大容量，且运行系统复杂，因而对火力发电厂运行操作的水平提出了更加严格的要求，在客观上要求有一套能够准确而迅速地对火力发电厂运行状态作出反应的监控系统。计算机监控系统，对提高电厂运行的安全性和运行效率有了重要作用。

在现代火力发电厂中，如提升燃煤系统的反应速率；优化大机组启停模式；高参数热力系统中判断和降低材料的腐蚀和失效概率等问题，如果没有计算机的参与，不借助于现代的控制与诊断技术，就难以实现。因此，在火力发电厂中，利用计算机进行监视、诊断与控制是势在必行的。

在火力发电厂中，主要用计算机来实现监视、控制、管理等主要功能，相应地分别组成计算机监控系统与生产技术管理信息系统。

计算机监控系统主要实现对机组的启停进行控制、事故状态下的紧急处理，以及在运行过程中，为了适应外界电力负荷的变化而对机组所作的适当的调整。现代计算机监控系统主要以分散控制系统为主，对生产过程进行监视、管理、分散控制，以微型计算机为基础，采用数据通信方式将整个系统连在一起。

生产技术管理信息系统是通过建立计算机综合信息管理局域网，来提高生产技术管理和决策水平，以提高发电企业的经济效益。生产技术管理信息系统实现的主要功能是生产管理、设备管理、技术监督管理、科技管理、生产技术综合分析等。

近年来，又提出了发电厂智能监控的概念，智能监控包括智能监视和智能控制。电力系统是一个复杂的大系统，随着规模的扩大，一些问题已难以单独靠数值计算求解，要把数值计算和专家经验结合起来。运行的优化、故障的处理等问题的解决也客观上要求工作人员要有专家一样的知识。智能监控便是为适应这一要求而迅速发展起来的，信息科学与计算机技术的迅猛发展为其提供了必要的技术条件。

计算机的应用在很大程度上提高了火力发电厂运行的安全性和经济性，减轻了运行人员的负担。据国外估计，采用计算机提供运行指导时，电厂供电热耗可降低 0.2%～0.5%，由于可以保持设备在良好状态下运行，所以可以减少事故停机和设备检修费用。但目前国内研制生产的计算机监控系统一般控制功能很少，而现代火力发电厂所用的大型控制系统主要依靠从国外进口，这在一定程度上限制了国内火电厂自动化的发展。

4.3.3 专家系统在火力发电厂的应用概况

专家系统从本质上讲是一种高级的程序开发技巧，专家系统在某一领域能否取得很大的成功，主要取决于能否获取高质量的知识、专家系统工具的性能（运行速度及与数值程序的交互能力等）、知识库的维护是否方便以及人机接口的友好程度等。

目前，国内外在电力系统中已应用专家系统的领域主要有规划与设计、电压与无功功率控制、静态与动态安全分析、警报处理与故障诊断、电力系统的恢复、电力系统短期负荷预报、电力系统规划、电力系统辅助教学、配电系统的负荷调整、运行规划、电力系统的继电保护、维护调度等方面。

专家系统在火力发电厂的应用发展的潜力巨大。目前，火力发电厂中开始应用专家系统的领域主要有性能监视、故障诊断、过程控制等。许多专家系统已研制成功，如美国西屋公司的汽轮机发电机组故障诊断专家系统、BattelleLabs 研制的电厂腐蚀监测专家系统、Sargent&Lundy 公司研制的电厂化学分析专家系统、美国电力科学研究院的电厂热耗专家系统、清洁燃烧与质量管理专家系统、预测性维修指导专家系统、电厂控制专家系统、凝汽器与加热器专家系统等。

5

腐蚀失效分析与腐蚀监控技术

5.1 腐蚀失效分析

据调查，我国每年因腐蚀造成的经济损失至少有 200 亿元。因此，进行腐蚀失效分析，提出合理的防护对策，对实际生产具有很大的意义。在火力发电厂广泛使用着大量的、不同种类的金属材料及其构件，这些材料或构件在载荷、温度、介质等力学及环境因素作用下，经常以磨损、腐蚀、断裂、变形等方式失效。对于电力行业中广泛使用的金属结构材料，腐蚀是主要的失效方式之一。腐蚀失效分析不仅要对腐蚀失效性质进行判断和腐蚀失效原因进行确认，而且要积极寻找预防重复腐蚀失效的有效途径，防止重大失效事故的发生，确保设备或装置安全运行。

腐蚀失效主要从现场调查、实验分析和模拟实验等方面进行分析。

5.1.1 现场调查

保护腐蚀失效现场的一切证据，是保证腐蚀失效分析得以顺利、有效进行的先决条件。要对腐蚀失效现场进行取证，并听取相关设备负责人、操作人员等介绍情况，了解设备运行条件，收集相关的信息［如介质种类、温度、压力以及设备（管线）的材质等，并且收取适量的腐蚀产物］。在观察和记录时可用摄影、录像、录音和绘图及文字描述等方式进行，观察和记录的项目主要如下：

（1）失效设备的名称、尺寸、形状、材料牌号、制造厂家及全部的制造工艺历史情况、投入运行日期、运行记录、检修记录、工艺流程及操作规程等。

（2）失效设备或部件的结构和制造特征以及失效部件和碎片的腐蚀外观，如附着物和腐蚀生成物的收集以及一切可疑的杂物和痕迹的观察等。另外，当肉眼无法直接观察到腐蚀特征时，还可以采用探伤和现场金相观察等手段进一步对腐蚀情况进行详细地了解和观察。因此，现场调查在腐蚀失效分析工作中起着非常重要的作用。

（3）腐蚀失效设备或者管道的运行条件及历史数据，如介质化学成分、介质环境、温度、压力和相关的监测情况。应特别注意环境细节和异常工况，如突发超载、温度变化、压力和偶然与强腐蚀介质的接触等。如有必要可以选取合适的介质进行实验室分析。

（4）听取操作人员介绍发现腐蚀失效的情况及其相应的处理方法。

（5）收集或查找同类的腐蚀失效案例。

5.1.2 实验分析

只有在极少数的情况下，通过现场和背景材料的分析能得出腐蚀失效的原因。大多数腐蚀失效案例都需根据现场取证和背景材料的综合分析结果来进一步制订实验室的腐蚀失效分析计划，确定进一步腐蚀失效分析试验的目的、内容、方法和实施方式。失效部件和残留物上具有说服力的物证是十分有限的，因此试验前，须对试验项目和顺序、取样部位、取样方法及试样数量等进行全面考虑，合理地确定切取试样的位置、尺寸、数量和取样方法。通常采用的分析手段有以下几项。

1. 宏观观察

通过肉眼或其他简单仪器，检查腐蚀失效部件表面是否光滑、有无裂痕、有无腐蚀和腐蚀产物，记录其大小、颜色形态和分布情况等。这种方法简便、直观，可以简单确定腐蚀的类型。对于肉眼不能直接看到的设备或管道内部表面，可采用内窥镜技术或者局部破坏等方式加以检查，如割取或抽取相关的管样进行观察。将典型的管样剖开观察，更加清楚地看出管样的腐蚀特征。因此，可以初步判断腐蚀失效起因，为下一步的分析工作确定方向。

2. 微观组织分析

采用金相显微镜、电子显微镜观察腐蚀失效部件的显微组织，分析组织对性能的影响，检查铸、锻、焊和热处理等工艺是否恰当，从而由材料的内在因素分析导致发生腐蚀失效的原因。

3. 化学成分分析

主要是采用光谱法等测定腐蚀部件的材料是否符合技术要求，有无用错材料或出现成分偏差，必要时可进行微量元素分析或微区成分分析。

4. 腐蚀形貌观察

腐蚀形貌真实地反映了材料被腐蚀的全过程，通过对材料腐蚀表面形貌进行观察，可以进一步详细地了解腐蚀过程，推测材料表面腐蚀特征的形成过程。因此，对于腐蚀失效零部件，腐蚀形貌分析是最重要的一环。通过腐蚀形貌分析，不仅可以得到有关零部件使用条件和腐蚀失效特点的信息，还可以了解腐蚀失效点附近的性质和状况，确定腐蚀的性质和形式，从而找出腐蚀失效的主要原因。

腐蚀形貌分析先用肉眼或低倍实体显微镜和立体显微镜从各个角度来观察腐蚀表面的特征，并利用其中所带的网格粗略估计腐蚀表面蚀点或蚀坑等的大小，然后用电子显微镜（特别是扫描电镜）对有代表性的部位进行深入观察，以了解腐蚀表面的微观特征，同时可以利用电镜附带的 X 射线能谱仪或能谱分析（EDX）功能对材料表面进行微区微量元素定性和定量分析，并进行元素点分布和面分布分析。

5. 腐蚀产物分析

表面形貌观察还要配合相应的腐蚀产物分析结果，才能更有效地分析出材料失效的原因。对于腐蚀产物的分析，可以采用化学灼烧法、X 射线衍射仪或俄歇电子能谱（AES）及光电子能谱（XPS）进行元素或化合物分析。

6. 介质分析

对现场取得的失效零部件的环境介质（如水样、气样或油样）进行化学分析。

7. 其他检测项目

在必要时可以进行某些项目的力学性能试验，包括材料的硬度试验以及拉伸或弯曲试验，以校验该零部件的力学性能是否符合技术要求。另外，可用 X 射线衍射仪进行定性（如 R 相）或定量（如残余奥氏体含量）分析，对受力复杂的零部件进行应力分析等。

5.1.3　模拟试验

重大的腐蚀失效分析项目，在初步确定失效原因后，还应及时进行重现性试验（模拟试验），以验证初步结论的可靠性。利用介质分析和材料化学成分分析的结果，在实验室内配置成分相同的腐蚀介质，并选用和腐蚀失效部件相同的材质，进行相同的热处理，然后模拟现场环境（温度、压力）进行模拟腐蚀试验，进一步验证腐蚀形成过程和腐蚀机理。还可以利用安装在设备上的在线装置的腐蚀状况进行监测（监测时间约为 3～6 个月），通过选用不同材质的试片，较为真实地反映实际腐蚀状况。若该监测系统中某部位发生了腐蚀失效，可以借助长期的监测数据更好地进行腐蚀失效分析，并为后期选材提供可靠的试验数据。

完成试验后，对现场调查的资料及各项试验结果进行综合分析，弄清失效的过程，确定失效的原因。在大多数情况下，失效原因可能有多种，应努力分清主要原因和次要原因。如某零部件存在两个以上的失效类型时，应分析和找出主要的腐蚀失效类型及其主要的失效抗力的表征参量。

5.1.4　预防措施

腐蚀失效分析的目的不仅限于弄清失效原因，更重要的还在于提出有效的补救措施和预防措施。补救措施和预防措施可能涉及生产工艺和设备材料、设备结构、制造以及管理等多方面。提出和实施正确的措施有利减少腐蚀发生的概率，可大大减少检修和维修的费用，延长设备或装置的运行周期。同时，不断地从大量同类和相似失效案例分析中积累丰富经验，有利于补救或预防措施的提出。

5.1.5　腐蚀失效分析数据库

建立数据库系统，便于案例查询，为解决现场实际问题提供咨询和帮助。单个事故的腐蚀失效分析往往具有偶然性，可参考性不强，但是通过对相同或相似设备（或零部件）大量腐蚀失效事故进行统计分析，可以得到规律性的结论，用以有效地提高设计、制造、运行、决策和管理水平。因此，建立健全失效分析数据库，把国内、外同行业中典型腐蚀失效案例集中起来，既能从大量案例中进行综合分析，又能从个别案例的分析中找到失效原因，从而大大提高腐蚀失效分析的水平和准确性。

建立腐蚀失效数据专家系统的目的是为了充分利用腐蚀失效分析所获得的宝贵技术信息推动技术革新、提高产品质量，进一步促进失效分析与失效预测一体化。失效分析的专家系统可采取多种组织形式。例如,可与企业的技术开发和情报部门结合,把大量失效分析报告和来自数据交换网的其他信息,经过分类和处理等制成各种形式的文献,传递到各个生产部门和科研部门,使腐蚀失效事故的分析、预测和预防形成一个系统工程,更好地为生产服务。

5.2 腐蚀数据库

5.2.1 概述

腐蚀数据的积累和管理包括选择材料和环境进行挂片试验和实验室评价,记录、收集和整理获取腐蚀原始数据(也称一次数据)、对原始数据进行分析和加工形成二次数据等环节。为此,世界上主要发达国家先后建立起了各种腐蚀性能评价方法和评价标准,并建设了大规模的材料腐蚀试验站网,系统考察和评价材料在各种典型环境下的腐蚀性能。

美国材料试验学会(ASTM)从 1906 年开始建立材料大气腐蚀试验网,并进行多种材料的大气腐蚀试验。与美国 ASTM 合作的 ATLAS 公司,其下属的佛罗里达曝晒场和亚利桑那曝晒场分别始建于 1931 年和 1948 年,其中曝晒的试样包含了从传统金属材料到高分子复合材料、从标准试样到整个车体的上万种试样。同时日本气候环境试验中心和欧洲以瑞典腐蚀研究所为首的环境腐蚀试验中心至今也已有 40 多年的历史。以上曝晒场不仅占地面积大,试验设备齐全,测试技术先进,而且配备有室内模拟各种自然环境、加速腐蚀试验设备。近百年的腐蚀研究,积累了大量的腐蚀数据,为了便于管理、利用、开发这些数据资源,美国早在 1986 年就开始建立大气腐蚀数据库。

随着经济建设发展的需要,我国从 20 世纪 50 年代末期开始了材料自然环境腐蚀试验站网的建设工作,现已建成能代表我国城市、乡村、海洋及工业大气的腐蚀试验站 10 个、海水腐蚀试验站 4 个、土壤腐蚀试验站 22 个。1983～1984 年在全国材料环境腐蚀试验站网投入试验材料 353 种,共积累了 6 大类常用材料在大气、海水环境中 8～10 年,碱性土壤环境中 30～35 年的腐蚀数据和自然环境因素测定数据 40 多万个,这些数据在腐蚀基础性研究、重大工程设计选材上都起到了非常重要的作用。

1986 年全国材料环境腐蚀试验站网根据材料和自然环境分类,先后建立起了 20 个与材料腐蚀相关的数据库。腐蚀数据库的建立,极大地方便了数据的记录与管理,提高了数据的采集、分析效率和应用。另外,一些科研院所和企业也根据各自行业特点和积累的数据,建立起了各种数据库,例如,石化腐蚀数据管理评价系统、典型机场地面腐蚀环境数据库、CO_2 腐蚀数据库、飞机结构环境腐蚀数据库及管理系统、航空轻质材料腐蚀防护工艺网络数据库设计、硫化氢腐蚀数据库及宝钢产品环境腐蚀网络数据库等。

腐蚀数据的管理大体上经历了从手册(数、表、曲线)管理到数据库管理两个阶段。在计算机和数据库技术出现之前,人们主要采用了数据、表、曲线的手册式管理方式,即经典的数据管理方式。在数据的管理过程中耗费大量的人力和物力资源,若要使用某些数据,要费时费力地查找。这种经典的数据管理与使用方式,在数据的搜集、整理,特别是共享使用方面，存在着很大的局限性，造成了数据资源和人力物力的浪费。随着科技进步和新材料的发展，腐蚀数据呈爆炸速度迅猛增加，构成了庞大的数据系统。因此，对这些庞大数据的整理、管理和利用是否充分，是体现数据价值的关键环节。

近些年，随着计算机和互联网的发展，给腐蚀数据的积累和传播提供了一个高效、快捷的操作平台，为大量腐蚀数据的管理、分析和使用提供了科学而高效的手段。通过建立腐蚀数据库，可以管理以前人工无法管理的大量的腐蚀数据，使数据库中的数据更加规范、合理，极大地提高了利用率。

5.2.2 国内腐蚀数据库

1. 腐蚀数据的现状

电力企业中，因腐蚀引起的非计划性停产往往会造成极大损失。为了确保设备或装置的安全、稳定、长期运行，从事设备腐蚀与防护的技术人员要对设备进行定期或实时的检测、监控，进行腐蚀调查、腐蚀管理、腐蚀介质监测和检测（对介质水样、油样或产品的监测和检测）和防腐蚀技术开发工作。

长期积累了大量的物料分析数据以及设备和管线的腐蚀数据等资料和信息。这些数据和资料对于腐蚀规律的研究、防腐蚀措施的制订都起到了十分重要的作用。然而，这些腐蚀监测或检测数据与相关的设备资料等分别由不同的组织（设备管理部门、腐蚀研究中心等）或试验人员保存。腐蚀数据由负责腐蚀检测或关心腐蚀情况的人员收集，而易腐蚀设备的基础资料等由设备管理人员保存。两者都采用报告记录的形式保存数据，这样不仅容易丢失数据和资料，也不利于数据和资料的快速检索，而且两方面的沟通情况决定了腐蚀数据的利用程度及其所起的作用。因此，对各种腐蚀数据进行整理、分析和管理至关重要，只有这样才能对整个系统的腐蚀状况有一个比较深的了解，并根据设备的基础数据、运行状况、检验监测、腐蚀状况、大小修情况等数据和资料，合理制订检修周期，及时采取预防或补救措施，节省检修费用、降低生产成本，为安全生产提供保证。

2. 常见腐蚀数据库介绍

（1）材料自然环境腐蚀数据库。在我国典型的自然环境（主要包括大气、海水、土壤）中建立试验站，把各类材料（如黑色金属、有色金属、电缆、光缆、高分子材料等）按标准制备，进行了在自然环境中材料的现场挂片（埋片）试验以及实验室模拟加速腐蚀试验，获取了原始性数据和相关资料；并通过数据评价、数据处理和综合分析，获得不同材料在不同自然环境中的腐蚀规律，建立数据库及其应用服务系统。同时经过整理、分类建立起完整、全面的材料腐蚀数据库，包括中文腐蚀文献库、土壤腐蚀数据库和大气腐蚀数据库、海水腐蚀数据库、腐蚀图像库和化工环境腐蚀数据库等数个子库，系统收集了材料在各种应用环境中的腐蚀数据、图像数据和文献数据。其中土壤腐蚀数据库中包括各种碳钢、低合金钢、铜合金、铝合金、电缆、光缆、混凝土、高分子材料等地下常用材料在全国各地的土壤耐腐蚀数据，还包括环境数据和材料性能数据；大气腐蚀数据库包括各种低合金钢、不锈钢、铜合金、铝合金、锌合金、热浸金属、电镀、橡胶/塑料/黏结剂在大气网站的大气腐蚀数据，还包括了大气环境数据和材料性能数据。

（2）钢铁产品腐蚀数据库。钢铁产品腐蚀数据库主要包含以下四方面功能：

1）数据添加及整理功能。数据可以分不同等级的用户进行录入和整理工作。

2）数据查询及共享功能。此为数据库最主要的功能，能够将用户所关注的特定类型的腐蚀数据进行展示。

3）数据分析功能，通过网络图形化工具，直接使用户可以在网络中进行图表对比分析，并能直接生成报表。

4）专家系统。即数据预测功能，可以根据不同的环境下的不同钢铁产品的腐蚀过程进行预测，并给出具有相当参考价值的结论。

（3）火力发电厂热力设备腐蚀数据库。以 Access97 为平台，建立火力发电厂热力设备腐蚀数据库系统，存放了 30 余种常用金属材料在多种腐蚀介质中的腐蚀数据及相关信息；利用 SQL 查询方式，提供了十几种查询途径；报表输出采用 Excel 97 作为报表服务器，实现数据库与输出报表的顺利连接；开发出的软件界面友善，并具备提供远程网上查询的功能。

3. 腐蚀数据管理中存在的问题

随着国内高参数、大容量火电机组的增加，国内火力发电厂的设备腐蚀问题也日益严重。设备的运行周期缩短，造成设备运行周期短的原因是多方面的，但其中一个重要的因素就是设备腐蚀管理落后。

一方面，很多工作都局限在不同环境下的金属或非金属材料的腐蚀数据库的开发和应用，在电力行业中针对火力发电设备的腐蚀数据管理方面的开发和应用尚未充分开展，防腐蚀工程技术人员没法对某一设备方便地进行系统的跟踪检索。多年来，腐蚀数据的管理方式一直没有较大变化，数据零散存放不利于及时发现超标腐蚀问题，不利于公司对腐蚀监测数据进行综合管理及控制；腐蚀监测数据类型较繁杂，无法快速、有效地把所有监测数据串通组织起来，工作效率较低。

另一方面，国内发电公司之间没有建立起设备腐蚀和防护有关的信息网。同时，国内电力企业在设备腐蚀和防护方面的管理不规范，没有建立起完善的腐蚀档案及查询制度，设备的腐蚀评价主要依据现场人员的经验及零散的数据进行判断，平时的腐蚀监测数据没有被充分合理地利用。

另外，没有开展腐蚀失效预测工作，出现腐蚀失效后才被动更换设备，更换计划性不强。由于无法做出正确的失效预测，电力企业为了确保一些设备的正常生产，经检修还可以继续使用的设备也被更换，造成人力和物力的巨大浪费。

5.2.3 腐蚀数据库的内容结构

腐蚀数据库由金属和非金属材料库、腐蚀图文库、防腐蚀成果库、腐蚀破坏案例库、腐蚀文本库 5 个子库组成。金属和非金属材料库包含了材料在各种腐蚀介质中不同条件（不同浓度和不同温度）下的腐蚀数据；腐蚀图文库包括金属材料等腐蚀图库、电位—pH 值图库；防腐蚀成果库中收集了通过国家级鉴定或省部级鉴定的以及电力企业成功应用的科研项目；腐蚀破坏案例库收集了电力企业单位生产现场发生的腐蚀事故案例，按照腐蚀类型进行信息存储，库内还包括各种案例的相关腐蚀照片信息；腐蚀文本库中收集了腐蚀与防护基础理论，主要包括腐蚀与防护的基本概念、腐蚀机理、腐蚀分类法、腐蚀研究方法、国家标准的腐蚀试验方法等内容，是一个腐蚀与防护知识库。

此外，数据库还包括材料的物理性能、力学性能、化学组成等辅助信息。

1. 金属和非金属材料库

一个腐蚀数据对应一种材料和一种介质，一种材料在一种介质中只有一条腐蚀数据。腐蚀数据主体由一组表示腐蚀信息的符号组成，这组符号通过数值转换，可以映射得到以介质浓度和介质温度为二维坐标的平面腐蚀图表，直观显示材料在介质中耐蚀性能和介质浓度及介质温度之间的关系。腐蚀数据还包含腐蚀图表相应的脚注信息，用以说明腐蚀图表中某一范围（包括浓度范围和温度范围）内材料在介质中的腐蚀倾向等附加信息。金属和非金属材料库提供了多层次、多角度的查询与检索方法。用户可以进行单项查询或者组合查询，获得相应的腐蚀图表，如已知材料、介质以及介质的浓度和温度查询腐蚀图表；用户指定一定的限制条件，由系统进行数值计算和数据筛选，可以得到较为合理的解决方案，如指定介质、介质的浓度、介质温度以及材料在此介质中允许的腐蚀程度（金属材料采用 NACE 的四级标准、非金属材料采用 ASM 的三级标准），则金属和非金属材料库显示满足使用条件的材料列表。此外，用户还可以进行材料的物理性能和化学构成等其他一些辅助查询。

2. 腐蚀图文库

在腐蚀图文库中，用户只要在给定的选项中选择就可以方便地获取所需内容。腐蚀图的查询途径有选定材料和介质查腐蚀图、确定介质中不同材料的腐蚀图、确定材料在不同介质中的腐蚀图，另外，还可选定材料介质体系（如铁水体系）查电位—pH 值图。

3. 防腐蚀成果库

在防腐蚀成果库中，用户可以直接输入成果名进行查询，也可以分别以成果登记号、成果鉴定号、单位名称、研究人、主题词、腐蚀类型、保护类型等为条件，很方便地查到所需的腐蚀成果，或者限定一系列苛刻的条件进行查询，查询结果以报表的形式给出。此外，防腐蚀成果库还可设计根据单位、研究人、腐蚀类型等限定条件统计腐蚀成果的多种腐蚀成果统计方法。

4. 腐蚀破坏案例库

腐蚀破坏案例库中收集了大量发生在企业生产现场的腐蚀破坏事故案例，可以通过案例名、关键词、案例时间等进行查询和检索。除此之外，用户还可以按照各个腐蚀类型进行总体浏览，通过案例目录来查询相关信息。

5. 腐蚀文本库

腐蚀文本子系统以文本信息和图片浏览为主，可以通过关键词进行全文检索，进行快速查找。

5.2.4 腐蚀数据专家系统

为了充分利用已有的腐蚀监测数据，及时指导现场防腐蚀工作，使大量、累积的腐蚀数据资源得到合理和充分的利用。因此，需要有一个综合的数据管理及专家系统，把离线监测数据、在线监测数据及实验室数据有效组织起来，形成一个完整、可靠的专家系统，对装置或系统的腐蚀情况做出科学、有效的评价。

利用灰色系统、神经网络、回归方法预测模型和方法对设备的腐蚀数据进行拟合预测，可为建立腐蚀专家系统提供依据，下面简单介绍常见腐蚀预测方法。

1. 灰色系统预测

灰色是指信息不完全、不充分，灰色系统是信息不完全、不充分的系统。例如，材料的大气腐蚀正是各种因素对其影响的综合结果，而且大气中腐蚀是一种较缓慢过程，为了预测未来材料的大气腐蚀态势，就需要建立模型进行预测，而这个预测系统既包含已知信息，又含有未知的或不确切的信息的系统，材料在大气中必然要受腐蚀，其外延明确，但其过程复杂，而内涵不明确，属于灰色系统范畴。

2. 神经网络预测模型

人的大脑中存在着由巨量神经细胞（约 100 亿个）结合而成的神经网络，正是大脑的神经网络系统构成了大脑信息处理的主体，神经网络的活动决定了大脑的功能。神经网络信息处理的基本特征如下：

（1）分布存储与容错性。

（2）并行处理性。

（3）信息处理与存储的合二为一性。

（4）可塑性与自组织性。

（5）层次性与系统性。

利用神经网络模型对腐蚀特征的试验数据进行拟合和预测是一种比较新的方法。灰色系统模型只能处理单因素一个自变量的情形，需要的原始数据少，计算量也不大。而神经网络模型既能处理单因素又能处理多因素，能较好地用于非线性函数逼近、模式分类、信号处理、最优化计算等领域，其缺点是需要大量的训练数据。

3. 回归分析方法

通过一组实验或观测数据，研究两个变量之间的关系，建立起一个数学模型，应用该模型于预测、优化和控制等多种目的，这就是回归分析。设 t 为回归变量，x 为响应变量，虽然 x 和 t 之间存在函数关系，但却不知道具体的函数表达式，只能通过 x 和 t 一组实验或观测数据把这个函数表达式估计出来。

另外，还应该做好腐蚀数据库的管理、应用和服务工作，组成一支精干的建库和信息服务队伍，对现有的各种数据库进行维护和充实，完善软件功能，并调动起管理人员和车间人员的腐蚀管理积极性，使腐蚀数据库系统充分发挥预期效果，使得腐蚀监测数据得到合理有效的应用，为我国电力行业的腐蚀控制做出应有的贡献。

5.3 腐蚀监控技术

腐蚀监控技术就是对设备的腐蚀速度和某些与腐蚀状态有密切关系的参数进行测量，

同时根据测量结果对生产过程的相关条件进行调控的一种技术。

（1）作为一种诊断腐蚀的方法进行腐蚀监测可以提供设备腐蚀状态的信息，了解腐蚀速度和腐蚀类型，寻求腐蚀的诱发条件，为研究人员和操作人员提供其他方法难以得到的信息。

（2）可以监测防腐蚀措施的效果。通过对原始状态和采用防腐蚀措施后的设备状态监测，可以了解和确定腐蚀问题的解决效果。

（3）可以提供管理和操作信息，同时作为控制系统的一部分。

日常的管理和操作除了保证正常生产外，还应当使设备的腐蚀行为维持在允许的范围内。通过腐蚀监测和检测技术提供的信息，能保障生产装置在危害最小的状态下进行满负荷试车或者生产。另外，腐蚀监测提供的连续信息和积累的原始腐蚀数据对管理日常的检修和每年大修都是非常有用的。同时，将监测的腐蚀信息反馈去控制生产装置的某些部分，达到控制腐蚀的目的。例如，利用电位监测控制阳极保护或者阴极保护系统、利用电阻探针控制缓蚀剂的加入等。

各种腐蚀监测技术优势互补，与计算机技术的相结合是目前研究腐蚀监测仪器的主要方向，腐蚀监测仪器的智能化是腐蚀防护发展的主流趋势。目前，腐蚀监测技术的发展趋势主要包括三个方面：第一，电化学技术包括零电阻电流法、阳极激发技术、交流阻抗测量等；第二，物理参数测量方法包括谐振频率测量、应用激光测定氧化膜厚度等；第三，专门的化学分析技术，如薄层激活技术等。

5.3.1 零电阻电流表法

零电阻电流表法是指用零阻电流表测量浸于同一环境的偶接金属之间流过的电偶电流，根据电偶电流可计算阳极金属的腐蚀速率。可用于测定金属的腐蚀速度，评价介质组成、流速等环境因素的变化，测定冲刷腐蚀，定性指示氧含量、缓蚀剂、水质的变化。

5.3.2 阳极激发技术

基于有一部分局部腐蚀的阳极反应是自催化反应，因此，如果腐蚀破坏在一给定点开始发生，那么，局部条件就会变化而使得反应激发。该方法对于监测局部腐蚀很有价值。

5.3.3 电化学阻抗谱法

电化学阻抗谱法是指用电阻和电容等理想元件来表示体系的法拉第过程、空间电荷以及电子和离子的传导过程，说明非均态物质的微观性质分布。该技术只需对处于稳态的体系施加一个无限小的正弦波扰动，不会导致膜结构发生大的变化。

5.3.4 谐振频率测量

将插入工艺介质中的金属元件用一个能发生一组频率的振荡器激发并加以控制，从而自动测出其谐振频率。由于元件的谐振频率是其尺寸的函数，因而就能确定金属损失的速度或者锈皮、沉积物的成长速度。

5.3.5　激光法测定氧化膜厚度

为了监测原子能工业中安装在辐射防护屏内侧的钢设备的腐蚀，英国中央电力局 Magnex 发电站开发了该技术，它是利用一束脉冲激光穿过构件上的氧化膜钻出一个直径为 0.1～1mm 级的小孔洞直通到金属基体上。该技术目前也可应用于传统的锅炉装置中，可以监测膜的生长，而传统锅炉装置会形成 Fe_3O_4 膜。

5.3.6　薄层活化技术

薄层活化技术是指将所研究的构件放在一个适当的加速器内，用离子照射构件的一小块面积，使构件中少量原子蜕变成放射性核素，滞留在构件表面下成一薄层。带电粒子一般是指质子（P）、氘核（d）及α粒子等。当加速器产生的带电粒子轰击材料表面时，就在被轰击的范围引起核反应。带电粒子由于与靶原子相互作用而损失能量，只有在有效射程范围内靶核被活化，结果在材料的局部表面形成很薄的放射层，厚度与能量有关。可根据测量需要进行控制。该技术可以通过正在腐蚀的构件来测量金属损失，在适当情况下，可用来测量总腐蚀。

参 考 文 献

[1] 胡士信. 阴极保护工程手册 [M]. 北京：化学工业出版社，1999.

[2] 杨道武，朱志平，李宇春，等. 电化学与电力设备的腐蚀与防护 [M]. 北京：中国电力出版社，2004.

[3] 刘新. 电力工业防腐涂装技术 [M]. 北京：中国电力出版社，2010.

[4] 肖保谦，张洪志，刘提敬，等. 涂料分析检验工 [M]. 北京：化学工业出版社，2006.

[5] 李晓刚，董超芳，肖奎，等. 金属大气腐蚀初期行为与机理 [M]. 北京：科学出版社，2009.

[6] 崔朝英，金长虹，李立明，等. 火电厂金属材料 [M]. 北京：中国电力出版社，2009.

[7] 赵志农. 腐蚀失效分析案例 [M]. 北京：化学工业出版社，2008.

[8] 曹楚南. 腐蚀电化学 [M]. 北京：化学工业出版社，1994.

[9] 魏宝明. 金属腐蚀理论及应用 [M]. 北京：化学工业出版社，1994.

[10] 王曰义. 海水冷却系统的腐蚀及其控制 [M]. 北京：化学工业出版社，2006.

[11] 姚有成，侯宪安. 烟塔合一的冷却塔腐蚀与防护 [J]. 电力勘测设计，2006，5.

[12] 于国续. 烟塔合一技术与使用前景研究 [J]. 吉林电力，2006，34（2）：1～4.

[13] 孙克勤. 电厂烟气脱硫设备及运行 [M]. 北京：中国电力出版社，2007.

[14] 张燕侠. 热力发电厂 [M]. 北京：中国电力出版社，2002.

[15] 高瑾，米琪. 防腐蚀涂料与涂装 [M]. 北京：中国石化出版社，2007.

[16] 许立国. 火电厂水处理技术 [M]. 北京：中国电力出版社，2006.

[17] 李培元. 火力发电厂水处理及水质处理 [M]. 北京：中国电力出版社，2002.

[18] 周本省. 工业冷却水系统中金属的腐蚀与防护 [M]. 北京：化学工业出版社，1995.

[19] 宋业林. 锅炉水处理实用手册 [M]. 北京：中国石化出版社，2001.

[20] 齐冬子. 敞开式循环冷却水系统的化学处理 [M]. 北京：化学工业出版社，2001.

[21] 宋珊卿. 动力设备水处理手册 [M]. 北京：中国电力出版社，1997.

[22] 王杏卿. 热力设备的腐蚀与防护 [M]. 北京：水利电力出版社，1998.

[23] 肖作善，施燮钧，王蒙聚，等. 热力发电厂水处理 [M]. 北京：中国电力出版社，2004.

[24] 曲政，庞其伟，孟超，等. 滨海电厂钢质海水管道的选材及防护 [J]. 热力发电 2004（10）：9～11.

[25] 刘贵昌，王绍东，宋树军，等. 华能丹东电厂海水循环系统的腐蚀与控制 [J]. 中国电力，37：87～88.

[26] 夏兰延，韦华. 低合金铸铁在流动海水中的腐蚀研究 [J]. 铸造设备研究，2002，1：25～27.

[27] 唐晓，王佳，李焰，等. 海水流动对 A3 钢腐蚀速度的影响 [J]. 海洋科学，2005，29（7）26～29.

[28] 邓永生，黄桂桥. 海水环境中铸造不锈钢的腐蚀行为 [J]. 装备环境工程，2005，2：76～80.

[29] 戴明安，张英，殷正安. 流动海水中电偶腐蚀动力学规律 [J]. 腐蚀科学与防护技术，1992，7：209～211.

[30] 车俊铁，姬忠礼，黄俊华. 00Crl8Nil4Mo2Cu2 不锈钢焊接工艺对耐海水腐蚀的影响. [J]. 石油化工设备，2009，9：58～61.

[31] 王凤平，李晓刚，林翠，等．316L 不锈钢法兰腐蚀失效分析与对策［J］．腐蚀科学与防护，2003，5：180～183．

[32] 安淑华．ASME 规范中不锈钢焊接材料的选用［J］．石油化工设备，2003，5：37～39．

[33] 李玉峰．浅谈不锈钢的焊接性能及工艺措施［J］．酒钢科技，2007，2：30～33．

[34] 张文铖，侯胜昌．双相不锈钢的焊接性及其焊接材料［J］．焊接技术，2004，2：40～42．

[35] 石洪民．谈几种金属材料的焊接［J］．煤炭技术，2008，7：23～24．

[36] 张兰．我国不锈钢焊接工艺研究现状及进展．［J］．山西冶金，2007，2：1～5．

[37] 孟超，曲政．滨海电厂海水循环水系统中的电偶腐蚀与防护［J］．腐蚀与防护，2006，4：187～190．

[38] 贺彩红，王世宏．不锈钢的腐蚀种类及影响因素［J］．当代化工，2006，2：40～43．

[39] 路永力，王惠晨．不锈钢的腐蚀现象及影响因素［J］．科技论坛，2005，10：11～16．

[40] 朱相荣，王相润．金属材料的海洋腐蚀与防护［M］．北京：国防工业出版社，1999．

[41] 柯伟．中国腐蚀调查报告［M］．北京：化学工业出版社，2003．

[42] 侯保荣．腐蚀研究与防护技术［M］．北京：海洋出版社，1998．

[43] 柯伟．中国腐蚀调查报告［M］．北京：化学工业出版社，2003．

[44] 安金英，黄艳君．1000MW 超超临界机组直流供水系统循环水管材的选择［J］．中华电力，2007，20（5）：35．

[45] 张忠礼．钢结构热喷涂防腐蚀技术［M］．北京：化学工业出版社，2004．

[46] 肖纪美．材料腐蚀学原理［M］．北京：化学工业出版社，2002．

[47] S．C．德克斯特．海洋工程材料手册［M］．北京：海洋出版社，1982．

[48] 李鹤林．失效分析的任务、方法及其展望［J］．理化检验-物理分册，2005，41（1）：1～6．

[49] 任凌波，任晓蕾．压力容器腐蚀与控制［M］．北京：化学工业出版社，2003．

[50] 张炜强，秦立高，李飞．腐蚀监测/检测技术［J］．腐蚀科学与防护技术，2009，21（5）：477～479．